円周率 π の世界

数学を進化させた「魅惑の数」のすべて

柳谷 晃 著

JN019100

ブルーバックス

カバー装幀／芦澤泰偉・児崎雅淑
カバーイラスト／児崎雅淑
本文デザイン／鈴木知哉＋あざみ野図案室

はじめに──πの話を楽しみましょう

　世の中には、ふしぎな数が存在します。

　なぜだかわからないけれど、多くの人の関心を惹(ひ)きつける数があります。すべての人の興味をかきたてるわけではないにしても、熱狂的なファンをもつ数というものがあるのです。

　たとえば「7」がそうでしょう。7を好む人が多いのは、子どもの頃から「ラッキーセブン」などといわれて、"幸運を運ぶ数"というイメージがあるからかもしれません。でも、それだけではないはずです。そもそも、「7がラッキーだ」ととらえられはじめるきっかけがあったはずだからです。

　少し数学的な話をすれば、7はいちばん大きなひと桁の素数です。自分自身と1以外に約数をもたない数──こう定義される素数において、ひと桁の自然数のなかでいちばん大きなものが7です。

　もちろん、7に人気のある本当の理由はわかりませんが、私たち人間の精神／心に対して、なにか特別な影響を与える数が存在するのは確かです。

　そんな代表例に黄金分割があります。

$$1 : \frac{1+\sqrt{5}}{2}$$

という比率（黄金比）に分割することです。黄金比は、私たち人間の目に最も美しく見える比率といわれています。科学

3

の研究をしていると、ふしぎなことに、さまざまな分野の重要なポイントで黄金分割が現れます。ひょっとすると、地球ができたときに、なにか本質的な役割を果たすことになった数なのでしょうか……？

さて、そのようなふしぎで魅惑的な数の一つに、円周率「π」があります。

3.1415926…と続いていく、おなじみの数ですね。みなさんは何桁まで覚えていますか？

きわめて身近な存在でありながら、じつはその性質がよくわかっていない――そんな数の代表がπでしょう。そう、本書の主役です。

円周率とは、円周の長さと円の直径の比です。明確な説明ができて、身近な図形の中に存在することから、「かんたんな数だろう」という先入観があるかもしれません。

ところが、よく知られているように、πが正確にいくつなのかを計算すること自体がきわめて難しいのです。古代文明の人たちも、そのことを熟知していて、πに近い値、すなわち近似値を懸命に計算していました。

第5章で詳しくご紹介するように、その値は現在、31兆4000億桁まで計算されています。それほど精緻な値を追求してしまうほど、私たち人類は、円周率πに魅了されてきたのです。

πは、美しい図形に関係する数です。人間にとって美しく見える図形とは、どのようなものでしょうか？

「対称性の高い」図形です。たとえば正三角形は、半分に折ると重なるという対称性の軸を3本もっています。これを

「線対称の軸を3本もっている」といいます。

　正三角形はさらに、120度回転させると、元の図形に戻ります。これも数学では対称とよび、120度の回転に対して対称であるといいます。同様に、240度の回転についても対称です。正三角形が美しく見えるのは、これら対称性のおかげだと考えられます。

　より完璧な対称性をもっている図形に、「円」があります。円のすべての直径は、線対称の軸になっています。円の中心で回せば、どんな回転に対しても（どんな角度で回転させても）対称です。円の中心は、「点対称の中心」にもなっているのです。

　このような対称性をもつ円は、人間にとってとても美しい形であり、古来、さまざまなデザインや意匠に用いられてきました。日の丸をはじめ、国旗に円をあしらっている国もあります。

　円は、中心と半径を決めることで描けます。そして、半径の2倍である直径に対する円周の比率がπです。美しい図形の重要な要素であるπには、多くの先人たちが強い関心を寄せてきました。そして、その比率＝πがかんたんに表せる数でないことが、よりいっそう、私たちの興味を惹きつけるのだと思います。

　数学で学ぶこと／知ることのなかには、直接的に現実の問題解決に役に立つものもあれば、そうでないものもあります。πは前者で、技術的なことに対して、直接役に立つ数です。円という美しい形に関係するだけではなく、面積や体積の計算にも関係します。さらには、現代数学や物理学の式の中に姿を現します。

古代に生きていた人たちにとっても、π、すなわち円周率の値は重要でした。曲線で囲まれた部分の面積は、おおざっぱには、円で囲まれていると考えてその数値を求めます。彼らにとって、面積を求めるということは、そこで生産できる穀物の量を求めることに直結します。その結果、税収を計算することにつながります。各古代文明はそれぞれ、円周率の値を独自に求めていました。美しい図形の中の数字だけでなく、実際の生活に必要な数が円周率だったのです。

　したがって、誰もが一生懸命に円周率について研究するようになります。たとえば2の平方根なら、筆算で計算することができます。ところが、円周率には決まった計算方法が存在しないため、円を正多角形で囲んで少しでも近い値を求めようとしました。

　より正確な値を追求しようとする先人たちの努力とその歴史をひもといていくと、数学はヨーロッパだけで発展したものではないことに気づかされ、たとえば中国の計算能力や発想力のすごさに驚かされます。中国人数学者が求めた円周率の正確さに、ヨーロッパの数学者たちが微分・積分を使って追いつくまでに、じつに1000年もの年月がかかっています。そんなエピソードも、この本の中でご紹介しています。

　話が少し難しくなりましたが、必要かどうかとか、美しい図形に関係があるかどうかといったことなどまったく意識せずに、「単に π が好き」という人もいるかもしれません。

　私の知人に、中学校時代に円周率を100桁ほど暗記し、いまでも忘れずに覚えているという人がいます。「なんの役にも立っていないけれど……」と苦笑されていますが、円周率に魅力を感じていることに変わりはありません。冒頭で紹

介した7と同じように、なぜか人を惹きつける魅力が、πにはあるようです。

　さて、微分・積分の登場によって、πの計算精度は格段に上がりました。

　数学史に燦然と輝く名を遺す偉大な数学者オイラーもまた、πの近似値を追求しました。オイラー自身は、もちろんπの計算だけに身を捧げたわけではありませんが、πの近似値を求めることに一生涯をかけた人もいます。残念ながら、途中で間違いがあることが発見された人もいます。

　πについて調べていくと、そこにはふしぎに満ちた数に挑んだ人間のドラマと歴史が浮かび上がってきます。円周率の使い方が、人々の生活とともに進歩してきたことにも気づくでしょう。

　数もまた、人と同じように、時代が変わればその役割が変わっていきます。その典型的な例が、円周率πなのです。

　さあ、これからご一緒に、πの話を楽しみましょう。

円周率πの世界

目次

3.14
```
1592653589793238462643383279502
8841971693993751058209749445923
0781640628620899862803482534211
7067982148086513282306647093844
6095505822317253594081284811174 5
0284102701938521105559644622948954930381964428810975665933
4461284756482337867831652712019091456485669234603486104 5432
6648213393607260249141273724587006606315588174881520920 9628
2925409171536436789259036001133053054882046652138414695 1941
5116094330572703657595919530921861173819326117931051185 480744
6237996274956735188575272489122793818301194912983367336 2440
6566430860213949463952247371907021798609437027705392171 762
9317675238467481846766940513200056812714526356082778577 1342
7577896091736371787246844090122495343014654958537105079 227
9689258923542019956112129021960864034418159813629779747 7130976
0518707211349999998372978049951059731732816096318595024 4594
5534690830264252230825334468503526193118817101000313783 8752
8865875332083814206171776691473035982534904287554687311 5956
2863882353787593751957781857780532171226806613001927876 611195
9092164201989380952572010654858632788659361533818279682 3037
0195203530185296899577362259941389124972177528347913151 55748
5724245415069595082953311686172785588907509838175463746 4939
3192550604009277016711390098488240128583616035637076601 0471
0181942955596198946767837449448255379774726847104047534 646
2080466842590694912933136770289891521047521620569660240 580
3815019351125338243003558764024749647326391419927260426 9922
7967823547816360093417216412199245863150302861829745557 0674
9838505494588586926995690927210797509302955321165344986 720
2755960236480665499119881834797753566369807426542527862 551
8184175746728909777279380008164706001614524919217321721 4772
3501414197356854816163611573525521334757418494684385233 239073
9414333454776241686251898356948556209921922184272550254 256
8876717904946016534668049886272327917860857843838279679 766
8145410095388378636095068006422512520511739298489608412 848
8626945604241965285022210661186306744278622039194945047 123
```

第**3**章	円周率の"真値"に迫る 最強の武器 ——「微分・積分」の誕生 ……… 125

第**4**章	オイラーと円周率 ——超越数とは何か ……… 171

第**5**章	**31兆桁を超えるπの世界** ──「コンピュータの能力競争」時代の嘘

········ 209

第1章

円周率とは何か
――人類とπとの出会い

3.14159265358979323846264338327950288419716939937510582097494459230781640628620899862803482534211706798214808651328230664709384460955058223172535940812848111745028410270193852110555964462294895493038196442881097566593344612847564823378678316527120190914564856692346034861045432664821339360726024914127372458700660631558817488152092096282925409171536436789259036001133053054882046652138414695194151160943305727036575959195309218611738193261179310511854807446237996274956735188575272489122793818301194912983367336244065664308602139494639522473719070217986094370277053921717629317675238467481846766940513200056812714526356082778577134275778960917363717872146844090122495343014654958537105079227968925892354201995611212902196086403441815981362977477130996051870721134999999837297804995105973173281609631859502445945534690830264252230825334468503526193118817101000313783875288658753320838142061717766914730359825349042875546873115956286388235378759375195778185778053217122680661300192787661119590921642019893809525720106548586327886593615338182796823030195203530185296899577362259941389124972177528347913151557485724245415069595082953311686172785588907509838175463746493931925506040092770167113900984882401285836160356370766010471018194295559619894676783744944825537977472684710404753464620804668425906949129331367702898915210475216205696602405803815019351125338243003558764024749647326391419927260426992279678235478163600934172164121992458631503028618297455570674983850549458858692699569092721079750930295532116534498720275596023648066549911988183479775356636980742654252786255181841757467289097777279380008164706001614524919217321721477235014144197356854816136115735255213347574184946843852332390739414333454776241686251898356948556209921922218427255025742562887671790494601653466804988627232791786085784383827967976681454100953883786360950680064225125205117392984896084128488626945604241965285022210661186306744278622039194945047123**

159265358979323846264338327950288419716939937510582097494459230781640628620899862803482534211706798214808651328230664709384460955058223172535940812848111745028410270193852110555964462294895493038196442881097566593344612847564823378678316527120190914564856692346034861045432664821339360726024914127372458700660631558817488152092096282925409171536436789259036001133053054882046652138414695194151160943305727036575959195309218611738193261179310511854807446237996274956735188575272489122793818301194912983367336244065664308602139494639522473719070217986094370277053921717629317675238467481846766940513200056812714526356082778577134275778960917363717872146844090122495343014654958537105079227968925892354201995611212902196086403441815981362977477130996051870721134999999837297804995105973173281609631859502445945534690830264252230825334468503526193118817101000313783875288658753320838142061717766914730359825349042875546873115956286388235378759375195778185778053217122680661300192787661119590921642019893809525720106548586327886593615338182796823030195203530185296899577362259941389124972177528347913151557485724245415069595082953311686172785588907509838175463746493931925506040092770167113900984882401285836160356370766010471018194295559619894676783744944825537977472684710404753464620804668425906949129331367702898915210475216205696602405803815019351125338243003558764024749647326391419927260426992279678235478163600934172164121992458631503028618297455570674983850549458858692699569092721079750930295532116534498720275596023648066549911988183479775356636980742654252786255181841757467289097777279380008164706001614524919217321721477235014144197356854816136115735255213347574184946843852332390739414333454776241686251898356948556209921922218427255025742562887671790494601653466804988627232791786085784383827967976681454100953883786360950680064225125205117392984896084128488626945604241965285022210661186306744278622039194945047123

1-1 円周率πと図形

●五芒星とダビデの星

　数学に登場する理論や公式、定理などは、必ずしも現実に役に立つとは限りません。ところが、役に立つかどうかとは関係なく、なにかふしぎな魅力で人を惹きつける数があることは「はじめに」でも述べたとおりです。

　同じように、人間の関心を惹きつけるものの一つに、「形」、つまり図形があります。図形にもいろいろありますが、それらのなかに、なぜか私たちに神秘さを感じさせるものが含まれているのです。そのような図形は昔から、どこかふしぎな魅力を放つものとして、日常生活の身近なものや大切なものの形に使われてきました。

　なかには、ある地域で使われている図形が、遠く離れた別の地域でも使われているケースがあります。たとえば、「五芒星」ともよばれる、正五角形の対角線からつくられる星の形が挙げられます（図1-1）。

図1-1　五芒星（ソロモンの星）

　五芒星は、日本では平安時代の陰陽師・安倍晴明の家紋として使われたことで知られ、「晴明桔梗」ともよばれています。これと同じ図形が、現在の中東地域にかつて存在していた国でも「ソロモンの星」の名称で使われていました。ソロモンの星は古来、魔除けになると信じられてきたといいます。正五角形の対角線からできた星の形が、国境を越えて多くの人たちを惹きつけてきたようです。

　正多角形の対角線からできる星の形を使った有名な図形が、もう一つあります。「ダビデの星」です（図1-2）。ダビデの星は正六角形の対角線からつくられる星の形で、イスラエルの国旗にも描かれています。

図1-2　ダビデの星

●五芒星に現れる「黄金分割」

　五芒星（ソロモンの星）やダビデの星が、日常のデザインとして使われたのはなぜでしょうか？　私たち人間が古来、それらの形を「美しく整ったものである」と認識してきたからでしょう。

　ではなぜ、それらの形を「美しく整ったものである」ととらえてきたのか。前述のとおり、どちらの図形も、正多角形

の対角線からつくられます。特に五芒星は、正五角形の対角線からつくられる図形であるため、対角線の中に「黄金分割」が現れます。

「はじめに」でも触れた黄金分割は、次のような比率でした。

$$1 : \frac{1+\sqrt{5}}{2}$$

五芒星を形成する正五角形の対角線は、線分中の一つの交点によって二つの長さに分けられますが、その二つの長さの比が、じつは、黄金分割の比率になっているのです。

●正多角形と円 ── 美しさを生み出す対称性の秘密

正五角形や正六角形などの正多角形は、「円」を利用して描くことができます。円周上の5等分、6等分した点を直線で結んでいけばいいのですからかんたんですね。このように描かれた正多角形は、いくつもの対称性をもちます。

まず、円の中心と正多角形の頂点や辺の中点を結んだ直線で二つに折ると、左右の形が重なります。つまり、「線対称」の対称性をもっているのです。円の中心と頂点や辺の中点を結んだ直線が線対称の軸となります。

正多角形はさらに、回転に関しても対称性をもっています。つまり、正多角形を中心のまわりに回転すると、元の図形と重なる角度があります。正五角形なら72度の回転、正六角形なら60度の回転で、元の図形と重なります。「回転対称」の対称性をもっているわけです。

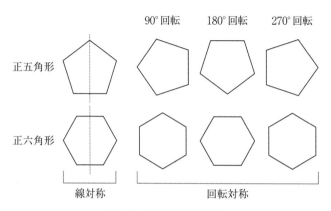

図1-3　線対称と回転対称

　このような対称性を、完璧といっていいほど備えている図形が身近にあるのですが、わかりますか？

　──そう、「円」です。

　円は、すべての直径が線対称の軸になっているため、無限個の線対称の軸があります。さらに、円を中心のまわりに回せば、どの角度でも（どんな回転でも）元の円の上に重なるので、対称となる回転の角度も無限に存在します。人間が古来、この形に特別な感覚を抱いてきたことも、決してふしぎではありません。

　加えて、円という図形は、昔から私たちの生活のなかできわめて役立つ形でした。その代表例が車輪です。人は紀元前5000年くらいから、重いものを動かしたり運んだりするために車輪のような輪を使ってきました。

　もう一つの例が土器です。土器の多くは、その断面に円の形を見ることができます。断面が円に近い器はいくつも出土

17

しており、製作するうえでも、日常的に使用するうえでも便利な形であったことが想像されます。現在の私たちが使う器やコップも、その断面のほとんどは円形ですね。

　円は歴史的に、美しく、かつ役に立つ形として認識されてきました。その円について、詳しく見ていきましょう。

●円周率の測り方

　円の直径に対する円周の長さの比のことを「円周率」と名づけたり、その数値を「π」と表現するようになったのは、じつはわずか数百年前のことです。しかし、円周率やπという言葉は便利ですし、多くの読者のみなさんが馴染んでいらっしゃることと思いますので、本書では最初から使っていくことにします。

　まず初めに、昔の人々がどのように円周率を計算してきたかを考えてみましょう。円の直径と円周の長さは「ひも」で測ることができます。いちばんかんたんな方法ですから、実際に用いられていたと考えられています。

　2本の棒とひもを用意しましょう。

　まず、1本の棒を地面に立て、これにひもの一端をくくりつけます。ひものもう片方の端には、別の短い木の棒をくくりつけます。地面に立てた棒が円の中心、ひもの長さが半径になります。

　ひもをゆるみのないようにピンと張り、短い木の棒で地面に沿って溝を掘っていきます。掘りはじめの地点に戻ったところで、円の形をした溝が描けました。

　半径にしたひもの2倍が直径なので、その長さのひもと、さらにもう1本、もっと長いひもを用意します。この長い

ひもを円の溝に入れて、円周の長さに合わせます（図1-4）。

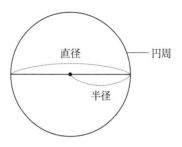

図1-4　円の直径と円周

　この作業で、直径の長さのひもと、円周の長さのひもができました。それぞれの長さがわかれば、円周の長さに、直径の長さがいくつ含まれているか、調べていくのはかんたんです。

　図1-5のように、線分ABを円周の長さ、線分CDを直径の長さとします。

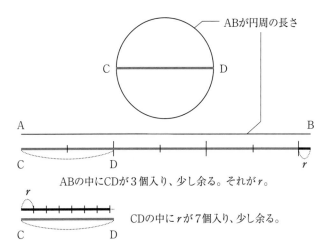

ABが円周の長さ

C   D

A   B

C   D r

ABの中にCDが3個入り、少し余る。それがr。

r

CDの中にrが7個入り、少し余る。

C   D

図1-5

　線分 AB の中に、線分 CD がいくつ入るかを調べます。線分 CD が三つ入ったところで、線分 AB がほんの少し余ります。この余りを r とします。

　次に、この余りの長さ r が線分 CD の中にいくつ入るかを測ります。こんどもぴったりは決まりません。7 個だともう少し余り、8 個だと線分 CD より長くなってしまいます。ということは、

$$7r < CD < 8r$$

すなわち、

$$\frac{1}{8}CD < r < \frac{1}{7}CD$$

です。

　円周（AB）が直径（CD）の何倍かというと、3倍と$\frac{1}{7}$だとちょっと大きくて、3倍と$\frac{1}{8}$だとちょっと足りないということを示しています。よく見ると、πは$\frac{1}{8}$よりも$\frac{1}{7}$に近いところにあるのがわかります。この方法が、円周と直径の関係を求めるいちばん簡単な方法です。実際に、古代バビロニアでは、ここに登場した$\frac{1}{8}$という値が使われていました。

● πとの出会い

　上記の方法で円の直径と円周の長さを測っていた古代の人たちは、ある重要な発見にいたったはずだと推測されます。なんだと思いますか？

　実際にそれぞれの長さを測り、円周の中に直径がいくつ入っているかを考えていくと、円の大小にかかわらず、「直径に対する円周の長さの比」が変わらないという事実に行き当たります。この事実は、実際にいくつかの直径の異なる円について調べることで、すぐにその結果から予想がついたことでしょう。すなわち、「円の直径と円周の長さに比例関係がある」ということに。

　実際のところ、円周の長さと円の直径は、円の大きさにかかわらず、一定の比率を保ちます。これが比例関係で、

$y = kx$ という関係式が成り立つとき、y は x に比例するといい、k を比例定数とよびます。

そして、円周と直径のあいだに成立している比例関係における比例定数が、円周率です。人類はおそらく、このようなプロセスを経て、ふしぎに満ちた魅惑の数「円周率 π」に出会ったのでしょう。

やがて古代の人々は、円周率の正確な値を求める試みに取り組みはじめますが、それはすなわち、円周と直径のあいだにある比例関係において、「正確な比例定数」を求めることなのです。

●「正確な値＝善」の間違い

直径に対する円周の長さの比が、円の大きさに関係なく決まっているのなら、円周率を求めるためには適当な大きさの円で測ればよいことになります。しかし、それでも正確に円周率を求めることはできませんでした。

のちにわかることですが、円周率は「自然数の比」で表すことのできない数、つまり「無理数」だったのです。このことが、「正確な比例定数」を追求する人たちにとって、大きな壁として立ちはだかりました。

古代の人たちにとってはおそらく、円周率をそれほど厳密に求める必要はなかったことでしょう。それにもかかわらず、現代に生きる私たちが日常で必要と思っているよりも、ずっと正確な値を求めていたと考えられています。巨大な円形の建物をつくる場合や、建築物の一部に円形を用いるような場合には、一定の精度が必要なため、ある程度の円周率の正確さが求められるからです。

　人類の歴史上、円周率の値として、さまざまな数値が計算されてきました。これは、要求される円周率の桁数が、「時と場合」によって異なることを示しています。ということは、それぞれに事情の異なる各古代文明で使われていた円周率の値を比べて、「どちらのほうがより正確だ」と判定することには、基本的にあまり意味はありません。

　違う言い方をすれば、当時の各社会が円周率をどのように使っていたかに応じて、それぞれに適した「π の近似値」が存在していたのです。その価値は、「正確な値だからよりよい」という単純なものさしでは測ることができません。

　それでは、有名な古代文明ではそれぞれ、どのような π の値が使われていたのでしょうか。次節で詳しく見ていくことにしましょう。

「零」を最初に使ったバビロニア

●60進法の世界で数学を発展させた人たち

　数の数え方は世界各地でさまざまですが、現在では「10進法」による表記が一般的になっています。10進法というと、誰もが理解している当たり前のものと思われるかもしれません。ところが、いざ正しく説明しようとすると案外難しいことに気づきます。

　また、多くの人が正しいと思い込んでいるのに、じつは誤って伝わっていることも多くあります。たとえば、「0を最初に使いはじめたのはインドだ」と思っている人は多いのではないでしょうか。学校の先生の中にもそう思っている人がいますので、かなり人口に膾炙しているようです。

　これからバビロニアの話をするのに、そんな話題がどう関係するのかとふしぎに思われるかもしれませんが、じつは深い関係があるのです。

　バビロニアは、現在のイラク南部にあたる地域です。古代バビロニアの人たちは、「位取り」の記数法を使用し、0を初めて用いるなど、きわめて高い数学力をもっていました。それも、紀元前2500年より前のことです。さらに、現在では「小数」とよんでいる数の書き方も発明していました。

　ただし、彼らが用いていたのは10進法ではなく、「60進法」です。

●流布する誤解

　長い数学の歴史のなかでも、とりわけ大きな題材の一つが、本書の主役である円周率 π です。

　π は三角関数にも使われており、応用範囲のきわめて広い数です。数学史の本として有名な一冊に、アメリカの数学者、フロリアン・カジョリ（1859〜1930）の書いた『初等数学史』があります。カジョリは立派な数学史家で、バビロニアの数学についても粘土版から研究をしていたことで知られています（図1-6）。

図1-6　フロリアン・カジョリ

　ところが、この偉大なカジョリでさえ「アラビアの数学者は、三角関数の分野にはほとんど貢献していない」というようなことを書いているのです。明らかに、彼の好き嫌いから出た結論といえる内容ですが、有名な本の活字になると信じてしまう人が多いようで、間違った言説が流布する一因になっています。

　数学のみならず、科学の諸分野において世界最先端を走っ

ていたバビロニアの人と円周率 π について、考えていきましょう。

●「記数法」とはなにか

ここまでに、10進法や60進法などの言葉が出てきました。これらはいずれも、数の表現を便利にするための数字の書き方です。

数字の書き方のことを「記数法」といいます。私たちは毎日、数を書いたり使ったりしているので、数の書き方のしくみについて、よくわかっている気になっているかもしれません。はたして本当にそうでしょうか。異なる記数法について知ってみると、数の書き方のしくみに関して、意外に理解していないことが多いと気づくはずです。

バビロニアの人たちは、私たちが現在、使用しているような数の書き方をしていませんでした。前節で、棒とひもで π を求める方法を紹介しましたが、その際にも、特に断りなく10進法の書き方で分数を示しました。しかし実際には、そのような測り方をした当時の人たちは、10進法の分数も小数も使っていませんでした。

記数法について、ここで少し詳しく説明しておきましょう。

たとえば「351」と書いたとき、この数字は何を意味しているのでしょうか。このような質問をすると、多くの人は「何をいっているの？　さんびゃくごじゅういちだよ」と答えると思います。しかしこの答えは、厳密には正しくありません。

正確にいえば、351は省略をした便利な書き方なのです。

本当の意味は、

$$3 \times 10^2 + 5 \times 10^1 + 1 \times 10^0$$

です。3は、10の2乗の位置にあります。つまり、351の、

3は10の2乗が3個、すなわち300を表しています。

5は10の1乗が5個、すなわち50を表しています。

最後の1は10の0乗ですから、1が1個で1を表しています。

すなわち、「3」「5」「1」と書いている各場所には、10の何乗がいくつあるかを表す数が入っています。これを「位」といいます。「351」という表記は、その位が表している10の何乗を書かずに、単に数字を表していることになります。いちいち10の何乗を各位の後の数字に書いていたら、桁が大きくなると大変なことになってしまうからです。

このような便利な数字の表記法を、「位取り記数法」とよびます。現在、私たちが使っている数は10ごとに1桁上がるしくみなので、この書き方を「10進法」とよんでいます。

10集まると次の位に移るので、各位に入る数字は0，1，2，…，9の10個の数字だけを使います。この10個ですべての数字を表すことができるので、とても便利な書き方なのです。ここで、10進法の基になる10のことを、「10進法の基数」とよびます。

●小数点と小数の登場

10進法ができたのは比較的最近のことで、ヨーロッパでは16世紀に入ってから、書物に10進法の小数点と小数が現れました。最初に本に記すかたちで使ったのは、ベルギー

生まれのオランダの数学者で、物理学者でもあったシモン・ステヴィン（1548〜1620）だといわれています（図1-7）。

図1-7　シモン・ステヴィン(Digitool Leiden University Library)

　ステヴィンは、ガリレオの実験よりも早く、初めて落体の実験をした人物であるともいわれています。「落下の高さが同じならば、重さに関係なく落ちる時間は変わらない」ことを確認したのがステヴィンでした。

　小数や分数がないと、小さな数値を表すことはできません。実際には、天体観測でも三角比を使う場合にも、細かい数字が現れます。バビロニアの人たちは、インドアラビア数字を使っていませんでした。彼らは粘土に楔形文字を刻み、天日に干して固くしたものを保存していました。前述のとおり、バビロニアの人たちは10進法ではなく、60進法を使っていました。楔形文字で数字を表し、小数や0を使っていたのです。どのように小数や0を表現していたのでしょうか。

　まずは、10進法の小数から説明しましょう。位取り記数法の自然数の部分と同じように、小数も位取りをしていま

す。

たとえば、0.352 という書き方は、

$$0.352 = \frac{3}{10} + \frac{5}{100} + \frac{2}{1000} = \frac{3}{10^1} + \frac{5}{10^2} + \frac{2}{10^3}$$

という数字の、10 の何乗かを表す分母を省略した書き方です。このしくみは、自然数の 10 進法の表し方と同じです。

次に、60 進法の場合の自然数の表し方を見てみましょう。

インドアラビア数字を知らず、楔形文字で表していたバビロニアの人たちは、自然数をどのように表していたのでしょうか。ここで当時の楔形文字をそのまま使うのは混乱を引き起こすだけですので、インドアラビア数字を代用して説明します。バビロニアの人たちが実際に用いた数字は図1−8 にまとめておきます。

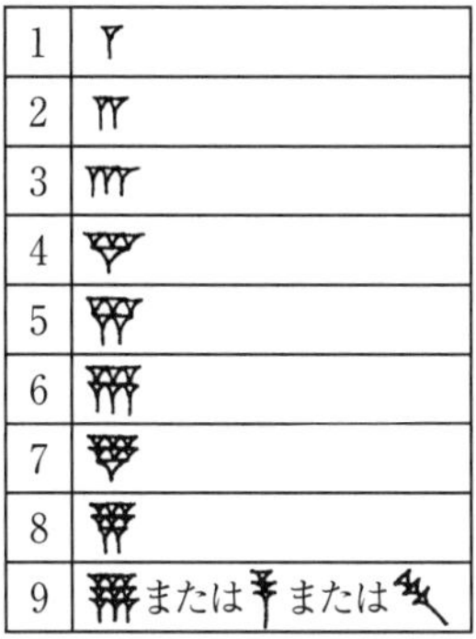

図1-8　バビロニアの数字

60 進法の 351 という数は、10 進法を使っている私たちには、どんな数字になるでしょう。区別をするために、60 進

法で数字を表しているときには「351（60）」と書くことに
します。60 進法の 351（60）は、基数が 60 なので、

$$351(60) = 3 \times 60^2 + 5 \times 60^1 + 1 \times 60^0$$
$$= 3 \times 3600 + 5 \times 60 + 1 \times 1$$
$$= 11101(10)$$

と計算することができます。この数では、60 進法の特徴は
出てきません。60 進法は基数が 60 なので、一つの桁に入る
ことのできる数は、

$$0, \ 1, \ 2, \ \cdots, \ 59$$

の 60 個です。10 進法に使っている数字で 60 進法を表すの
は少し無理がありますが、各位を 2 桁で表す方法がわかり
やすいでしょう。

$$345259(60) = 34 \times 60^2 + 52 \times 60^1 + 59 \times 60^0$$
$$= 34 \times 3600 + 52 \times 60 + 59 \times 1$$
$$= 122400 + 3120 + 59$$
$$= 125579(10)$$

　バビロニアの人たちは、この数字の 34，52，59 を一つの
60 進法の位として扱いました。そして、34，52，59 のそれ
ぞれを楔形文字で書いていたのです。先ほどの 351 の場合
であれば、3 は楔を 3 本使えばよいので簡単ですが、52 に
なると 52 本の楔を彫るのは大変です。さらに、52 本もあっ
たら数えるのも大変なので、図 1-9 のように工夫して表し
ていたのです。

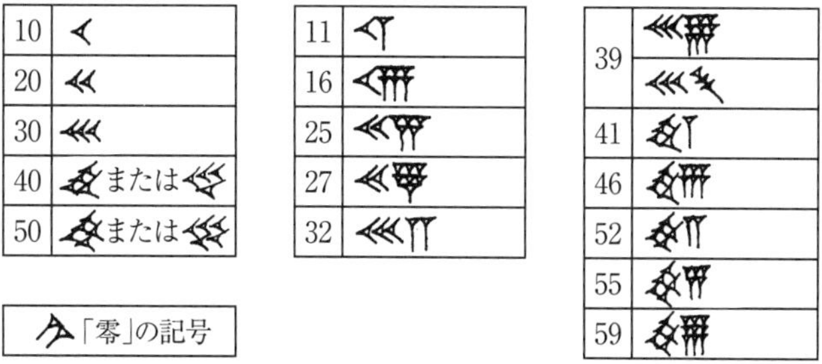

10	〈
20	〈〈
30	〈〈〈
40	〜 または 〜
50	〜 または 〜

11	〈𐏐
16	〈𐏐
25	〈〈𐏐
27	〈〈𐏐
32	〈〈〈𐏐

39	〜〜 〜〜
41	𐏐
46	𐏐
52	𐏐
55	𐏐
59	𐏐

𐏐 「零」の記号

図1-9

●「零の発見」

この節の冒頭で、バビロニアが世界で初めて「0」を使いはじめたと書きました。それはなぜでしょうか。

位取りをすると、どうしても数字のない位をもつ数字、たとえば、10の位のない205（10）のような数字が現れることがあります。この場合、もし0に相当する記号が存在しないと、25と205は同じ25になってしまい区別がつきません。仮にあいだを空けて、25と「2　5」のように書き分けても、2005のように数字のない位が多くなると大変です。

バビロニアの人たちは当初、3051と351を同じように書いていました。その後、3と5のあいだを空けるようになりましたが、やはり間違いが生じてしまいます。そこで、楔形文字を斜めに二つ使って、0の役割をする記号をつくりました（図1-9）。

「零の発見」というときの「零」とは、この位取り記数法で数字のないところを表す記号のことを意味しています。少なくとも私は、そのような意味で「零」と「0」を使い分けて

31

います。ただ単に、並んだ数字の1の前の数字を「0」と書いて、0の発見という意味ではありません。ここでは、空位を表す記号を「零」とよんでいます。

インドアラビア数字の0は、0, 1, 2, …という数字の零も0で表し、位取り記数法の空位の零も0で表すという便利な使い方をしています。一方、バビロニアの人たちは、単に数字の零を楔形文字で表すことはしませんでした。

つまり、バビロニアの人たちは空位の記号としての零は使用していたものの、数字の0はもっていなかったことになります。このことを背景に、「0」の発見はインドによると考える人がいるのかもしれません。

●「小数点以下」をどう表したか

バビロニアの人たちは、60進法の位取り記数法を用いることによって、小数を表すこともできました。つまり、細かく小さな数値を表現する方法をもっていたのです。

整備された位取り記数法は、バビロニアのものしか存在しなかったため、ギリシャやローマ、アラビア系の数学者たちも、60進法の位取りで小数点以下の数を表していました。

かのアルキメデスも、60進法の位取りを使っていた一人です。しかし、楔形文字は使いづらいので、アルキメデスはギリシャ文字のα, β, γなどを数字の代わりに用いていました。もちろん、他の天文学者や建築家なども、60進法の位取りを使っていました。天文でも建築の分野でも、精密な計算ができる位取り記数法は60進法しかなかったのです。

では、バビロニアの人たちは、円周率πの小数点以下をどのように表していたのでしょうか。まずはバビロニアの小

数を書いてみましょう。

　繰り返しになりますが、60進法の基数は60です。10進法と同じように、60進法は分母に60、60の2乗、60の3乗が順番に入っていきます。たとえば0.325（60）は、10進法の数字で表すとどのような数になるでしょうか。

$$0.325\,(60) = \frac{3}{60^1} + \frac{2}{60^2} + \frac{5}{60^3} = \frac{3}{60} + \frac{2}{3600} + \frac{5}{216000}$$

です。

　自然数の場合と同じように、分子には、0，1，2，…，59までの数字を入れることができます。各位を2桁で表すと、0.342759（60）は、

$$0.342759\,(60) = \frac{34}{60^1} + \frac{27}{60^2} + \frac{59}{60^3} = \frac{34}{60} + \frac{27}{3600} + \frac{59}{216000}$$

のように、60進法の小数を表すことになります。

　ただし、バビロニアの小数には少し不便な点がありました。これだけ優れたシステムをもっていたにもかかわらず、「小数点」を記していなかったのです。そのため、前後を見て、その数が実際にはいくつであるのかを正確に判断する必要がありました。

　1920年代の前半までに、バビロンの近くで日干し煉瓦（れんが）の板が発見されて以降、バビロニアの豊かな歴史を物語る粘土版が、数学に関するものだけでも400枚以上発見されています。バビロニアの数学は、まだまだ研究を待っている状態なのです。

●バビロニアのπ

　世界でいちばん早くから文字を使いはじめたといわれるバビロニアでは、πをどのような数で表していたのでしょうか。もちろん、60進法で表していました。翻訳された粘土版には、円の円周と円に内接する正六角形のまわりの長さとの比が書かれています。

　円の半径をrとすると、内接する正六角形のまわりの長さは$6r$です。この程度のことは、バビロニアの数学レベルでは当然わかっていました。円のまわりの長さ、すなわち円周は$2\pi r$です。バビロニアの人たちがつくった比は、

$$6r : 2\pi r = 3 : \pi = \frac{57}{60^1} + \frac{36}{60^2}$$

でした。この書き方は、いまではあまり使われませんが、$a : b$は、aのbに対する比、すなわち$\frac{a}{b}$のことです。つまり、上の比は、

$$\frac{3}{\pi} = \frac{57}{60^1} + \frac{36}{60^2}$$

という式を表しています。

　この式の右辺を計算してみましょう。

$$\frac{3}{\pi} = \frac{57}{60^1} + \frac{36}{60^2}$$
$$= \frac{57}{60} + \frac{36}{3600}$$
$$= \frac{19}{20} + \frac{1}{100}$$
$$= \frac{95+1}{100} = \frac{96}{100} = \frac{24}{25}$$

よって、

$$\pi = 3 \times \frac{25}{24} = \frac{25}{8} = 3\frac{1}{8}$$

となります。

　この値を見て、何か気がついた人はいらっしゃいますか？　どこかで見た値ではないですか。

　そうです、ひもを使って、直径と円周を比べたときの、小さいほうの分数を使った円周率の値になっています。つまり、実際の円周率より少し小さい値です。バビロニアの人たちがなぜ、この値を使っていたかはわかっていませんが、

$$3\frac{1}{8} = 3.125$$

ですから、土地などの大きさを測るには十分な精度でした。古代バビロニアの人たちは、天文にも造詣が深かったことで知られていますが、小数点以下第 2 位より下の正確な値は必要とはしなかったようです。先ほどの粘土版には、土地の

広さと税金の資料などが記されていますが、その目的のためには、この程度の精度で十分だったのでしょう。

　バビロニアで計算されていた数学は、幾何や、方程式を解く代数などの、純然たる数学だけではありませんでした。借金返済時の利子といったような、当時の社会生活を垣間見ることのできるものも含まれています。粘土版に書き残された内容を知ると、現代人ときわめて似通った生活を送っていたことがわかります。

　いまだ解読されていない粘土版が、一日も早く翻訳されるのが楽しみです。

1-3　パピルスと π

●エジプトの数学

　古代文明における数学のなかでも、かなり詳しく紹介されているものの代表例がエジプトの数学です。

　しかし、なかには誤解と思われる記述も散見され、たとえば「ギリシャ時代以前の古代文明では、エジプトが最も数学が進んでいた」などがこれにあたります。前節でも見たように、数の表記法一つを取ってみても、バビロニアのほうがエジプトより古くから優れたものをつくり上げていたことがわかっているからです。

　古代エジプトには、位取り記数法は存在しませんでした。エジプトでは、10 進法による一、十、百、千、万、……の各位を表す絵文字が使われていました（図 1 - 10）。絵文字は、一千万の位まで用意されていました。

　ただし、エジプトの数字の書き方がバビロニアより機能的ではないからといって、エジプト文明が劣っているといっているわけではありません。古代エジプト人が高度な文明を誇っていたことは、ピラミッドなどの巨大建築を見ても明らか

一	十	百	千	一万	十万	百万

図1-10　10の累乗数を表す象形文字(ヒエログリフ)

です。

　πの値がそうであるように、数学や数字は、その文明における目的に合わせて使われていたものです。そして、個々の目的に応じて工夫が施され、進歩してきました。一つの観点からだけ見て、それが優れているかどうかを比較したり判断すること自体が無意味であるといえるでしょう。

●古文書に書かれた円周率

　エジプトには、小数の表記はありませんでした。細かい余りが出た場合には、分数を使って表していました。エジプトの分数の表記は特徴的で、「何分の一」という、分子が1の分数をよく使っていました。その理由がなぜなのかは、現在もなお謎のままです。

　エジプトの数学が最も進歩していたと誤解されがちなのは、エジプトに遺されていたパピルスや石の上に書かれた象形文字による各種の文書が、いち早く解読されたことに起因します。その解読に一役買ったのが、歴史の教科書にも登場する「ロゼッタストーン」です（図1-11左）。

図1-11　3種の文字が刻まれたロゼッタストーン（左）と、
ヒエログリフを解読したシャンポリオン（右）

　ロゼッタストーンとは、ナポレオンがエジプトに遠征して
いた 1799 年に、アレキサンドリアに近いロゼッタ（エジプ
ト名ラシード）という場所で発見された石版です。この遠征
には、当時の優れた数学者、ジョゼフ・フーリエやガスパー
ル・モンジュも参加していました。

　ロゼッタストーンには、3種の言葉が書かれていました。
ギリシャ語、古代エジプト語、そして象形文字です。このこ
とが、迅速な解読につながりました。解読したのはフランス
の研究者、ジャン＝フランソワ・シャンポリオンでした（図
1 - 11 右）。

　さらに、古代エジプトの廃墟・テーベの一軒の家から「リ
ンド・パピルス」が発見されます。パピルスは、エジプトで
紙として使われていたものです。リンド・パピルスには、ア
ーメスという名の書記が写したと書かれていて、数学の問題
が 84 題含まれていました。

　リンド・パピルスの中でアーメスは、円周率を

$$\pi = 4 \times \left(\frac{8}{9} \right)^2 = 3.16049 \cdots$$

という計算式を使って表しています。

　古代エジプトの円周率が、古代バビロニアの円周率よりも精度が低いのは明らかです。アーメスの円周率は、20ページのひもを使った計測による、

$$3\frac{1}{8} \ \text{と} \ 3\frac{1}{7}$$

の、どちらの値よりも精度が低いからです。アーメスの円周率は、$3\frac{1}{7}$ よりも大きな値になっています。

　アーメスの言葉を借りると、「直径が 9 の長さをもつ円の面積は、8 の長さをもつ正方形の面積に等しい」と書かれています。円の面積の公式を使うと、

半径 r の円の面積は πr^2 なので $\pi \left(\frac{9}{2} \right)^2 = 8^2$

$$\pi = 8^2 \times \left(\frac{2}{9} \right)^2 = 4 \times \left(\frac{8}{9} \right)^2$$

となり、先ほどの計算式が出てきます。

●正方形の内接円

　古代エジプトでは、どのような方法で円の面積と正方形の面積とを比較して、両者が等しいと考えたのでしょうか?

　このことは、アーメスが書いたリンド・パピルスの問題
48を見ると予想がつきます。アーメスの時代には、円の面
積がπr^2となることがわかっていた形跡があります。図1–
12を見てください。

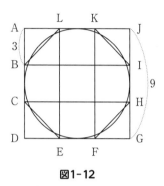

図1–12

　計算がしやすいように、小さい正方形の一辺の長さを3と
します。図1–12の正方形ADGJの一辺の長さが9で、そ
れを各点が3等分していると考えます。たとえば、AB＝
BC＝CD＝3です。同じことが他の辺にも成り立っていま
す。

　ここで、正方形ADGJの内接円が、八角形BCEFHIKL
に近いことに注目します。正方形ADGJの内接円の面積と
八角形BCEFHIKLとを見比べると、図のように少しの違い
しかありません。

　内接円の面積$\pi r^2 = \pi\left(\dfrac{9}{2}\right)^2$の代わりに八角形BCEFHIKL

の面積を使って、それに近い面積の正方形との比を計算しま
す。この比から、アーメスのパピルスに使われていたπが

導けます。

　八角形 BCEFHIKL の面積を求めるのは、それほど大変で
はありません。注意が必要なのは、この八角形は正八角形で
はないということです。大きな正方形を 9 等分した正方形
の一辺は BC = EF = HI = KL = 3 です。その面積は 3 ×
3 = 9 です。それが 5 個ありますので、5 × 9 = 45 です。

　小さい正方形を半分にした直角三角形の面積も簡単に求め
られます。この直角三角形 1 個の面積は、

$$3 \times 3 \times \frac{1}{2} = \frac{9}{2}$$

です。これが 4 個あるわけですから、小さい正方形を半分
にした三角形の面積の和は、

$$\frac{9}{2} \times 4 = \frac{36}{2} = 18$$

です。直径 9 の円の面積の代わりに使う八角形 BCEFHIKL
の面積は、

$$45 + 18 = 63$$

になります。これを 64 と考えれば、一辺の長さ 8 の正方形
の面積に相当しますから、直径 9 の円の面積 $\pi \left(\frac{9}{2} \right)^2 = 8^2$ と
いう値を引き出したわけです。

●江戸の大工が用いた値

　アーメスの時代にも、円の面積が πr^2 であることが知られ

ていたと考えられることは、先にも書いたとおりです。そこで、アーメスが

$$\pi = 4 \times \left(\frac{8}{9}\right)^2 = 3.16049\cdots$$

という円周率の値の近似を求めていた理由が推測できます。ただし、ここで求められた値は、円周と直径の長さを実際にひもで測って得られる値よりも、よくない近似です。なぜこの値なのかは、いろいろと想像をする価値があるかもしれません。

　この 3.16 という値に関しては、興味深い一致があります。時代が下って日本の江戸時代において、大工が用いていた円周率がやはり 3.16 という値でした。ある大工さんの話によると、建物をつくる場合、使っている道具の刃には幅があるので、きっちり正確に測って作業するよりも、少し大きめにつくるほうが建物に余計なゆるみが出ずに好都合だったのではないか、ということです。現在知られているような π の正確な値ではなく、3.16 で十分だったというわけです。

　これもまた、使われる数字は目的によって変化するということの実例です。

中国古代文明の円周率

● **暦をつくる力**

　古代文明とよばれるものに、明確な区切りをつけるのは難しいものです。

　バビロニアやエジプトでは、紀元前2500年ごろに数学に関する記述が登場しています。実際には、記録に残される以前から数学が存在していたことでしょう。日本でも、5500年以上前の縄文時代の土偶に、自然数を表していると考えられる模様が見つかっています。

　古代中国に関しては、殷の王朝が紀元前1000年ごろまで遡るとされています。それより以前、殷が滅ぼしたという夏とよばれる王朝が存在したという記録もありますが、現段階では明確な証拠となる遺跡は発見されていません。

　中国では、黄河流域に古代文明が存在したといわれています。古代文明の多くは大河のほとりで誕生していますので、揚子江に沿った地域にも有力な古代文明が誕生してもおかしくありませんが、いまのところは未発見です。

　さて、古代文明においては、農業と、それによって得られる農作物が生活の基本です。狩猟社会では、獲物の量に限りがあるため、大きな人口を養うことはできませんでした。

　そして農耕にとっては、いつ雨が降り、いつ種を播くかが、重要な情報になります。そのため、中国に限らず、各古代文明はできるだけ正確なカレンダー、すなわち暦を必要としていました。

　暦を作成するうえで役に立つのは、太陽の動きよりも月の動きです。月には、はっきりとした満ち欠けがあるため、日々の変化は月の動きのほうがわかりやすいからです。

　一方、季節の移り変わりを知るには、太陽の動きが重要になってきます。春分、夏至、秋分、冬至における太陽の位置を正確に知ることが要求されました。

　そこで、月と太陽を使い分けて、短期の暦情報と長期の暦情報を把握することが努められました。古代の人々は、他の恒星の動きも含め、月や太陽の動きを詳細に見定めることによって、季節を理解していったのです。そして、そのような暦を作成する能力をもつ人が直接権力を握るか、あるいは権力者の近くに仕えるなどしていました。

●古代中国の数学書『九章算術』

　水平線や地平線は、まっすぐではなく少し丸みを帯びて見えますね。弧を描いています。みなさんご存じのとおり、これは地球が球であるためです。

　夜空に輝く二つの星が、互いにどのくらい離れているのかを理解するためには、地球上での距離、すなわち円弧の長さを使うのが便利です。このことからも、円周率を把握して円周の長さを考える必要が生まれてきました。

　畑の面積や丸い形の周囲の長さを考える場合だけでなく、古代文明は天体観測といった点からも、円周率から離れられなかったのです。円周率 π の値が実際にはいくつなのか——この謎に迫ることは、どの古代文明においても重要でした。

　古代中国においても当然、円周率の計算をしていたと考え

られていますが、古い時代の円周率に関する記録は、いまだ発見されていません。

古代中国の数学に関する書物としては、著者不明の『九章算術』が知られており、紀元前2世紀ごろから後漢の初期にかけて成立したと考えられています。春秋戦国時代からの数学の知識が集められた教科書だといわれます。

有名な漢の武帝（前漢の第7代皇帝）が民の税金を平等にするために設けた「均輸官」とよばれる官職があります。中国は広く、特に漢の武帝の時代には領土が最大の広さになったといわれています。領土が広くなれば税金を納める地方も増えます。

当時の税金は、穀物や物で納められていたため、遠い地方からの納税には高い輸送費がかかっていました。中央に近い地域の輸送費は当然、安上がりなので、輸送費を含めた税金をなるべく均等にするために、その計算を任された官僚が均輸官でした。

漢の武帝が均輸官をつくった背景には、次のような考えがあったといわれています。領土が広がったため、周囲の異民族との争いが増えた。異民族の侵入を阻止すれば治める領土は広がるものの、戦争のために民の負担はさらに増える。人心が乱れないようにするには、不平等を生み出してはならない――。

「貧困を憂えず、不平等を憂う」という言葉があります。『九章算術』の中には、「均輸」という章が設けられており、実際に輸送費を考慮に入れたうえで、税金を平等にするための計算について書かれています。他にも、賦役を平等にするための計算をする章や、税金の基礎となる土地の面積を計算

する「方田」についての章もありました。漢の武帝の時代には『九章算術』はほぼ完成していたのではないかと考えても、ふしぎはありません。

●円周率＝3を用いて

そして、『九章算術』は面積の計算も扱っているため、円周率に関する記述も当然、登場します。『九章算術』では、円周率は3を使っています。年貢の計算のために検地をおこなっていましたが、その測量はそれほど厳密ではなく、大ざっぱなものだったようです。

『九章算術』によれば、古代中国では正方形や長方形の面積を正確に求めることはできても、一般の四角形の面積を正確に求める計算方法は存在しませんでした。そのため、円の面積を求めるにあたり、円周率が3でも十分だったのです。

繰り返しになりますが、円周率に真の値から遠い3を使用していたからといって、その文明が劣っていることにはなりません。円の直径に対する円周の長さの比を計算する際に、ひもを使えばより正確な値はわかっていたはずです。その値を使わなかったのは、使う必要がなかったからです。必要であれば、$\pi = 3\frac{1}{7}$ 程度の正確な値は使えたと考えるほうが自然でしょう。

なお、『九章算術』よりものちに編纂された『後漢書』には、$\sqrt{10}\ (=3.162277\cdots)$ に近い

$$\pi = 3.1622$$

の値が記されています。

●「中国史上最も優れた数学者」が求めた精密な値

　古代中国の計算技術は、かなり高度なレベルにあったと考えられています。中国はまた、古代文明の中では珍しく10進法にこだわった文明でした。エジプトでも10進法を使っている部分がありますが、位取り記数法まではつくられていなかったことは前記のとおりです。

　『九章算術』では円周率は3でしたが、その『九章算術』に注釈をつけて、数学的に格段に進歩させた人物がいます。『三国志』で有名な魏の国の数学者、劉徽です。

　劉徽の詳細な経歴は不明ですが、7世紀に成立した『晋書』の律暦志に、劉徽の『九章算術注』は263年に書かれたという記述があります。当時、このような注釈は何年にもわたってつくられたので、『九章算術注』はこの前後につくられたと考えてよいでしょう。

　劉徽は、中国史上最も優れた数学者といわれています。私も、劉徽が中国史上いちばんの数学者だと思っています。

　劉徽は、円周率を精密に計算しました。劉徽は当初、円周の長さが正六角形の周囲の長さに近いことに注目しています。そして、アルキメデスとほとんど同じ方法を使って、円に外接する正多角形と、円に内接する正多角形とを考え、正多角形の頂点の数を倍々に増やしていったのです。この操作によって、正多角形のまわりの長さは、限りなく円周に近づいていきます。

　劉徽は、アルキメデスと同様に正六角形で円をはさむところから始めました。細かい計算は、後ほどあらためてアルキメデスが登場する次節で説明しますが、ここでは劉徽の結果

を記しておきます。

　正六角形から始めて、辺の数を 2 倍、さらに 2 倍と増や
していき、その正多角形の辺の長さで円周率を求めました。
正多角形の辺の数が多くなると、面積も用いています。正
96 角形を使った点も、アルキメデスと同じです。劉徽はさ
らに正 192 角形まで計算して、その面積を使って次の結果
を得ました。

$$正 96 角形の面積：313 + \frac{584}{625}$$

$$正 192 角形の面積：314 + \frac{64}{625}$$

　さらに、等比級数の計算方法を使って、

$$314 + \frac{4}{25}$$

という値を求めていました。

　これらの数字をすべて 100 で割ると、円周率の近似値に
なります。等比級数の計算方法を用いた最後の数字を小数に
直すと 3.1416 になり、非常によい近似値になっています。

　劉徽の方法は円の分割を繰り返すので、「割円術」とよば
れるようになりました。このことだけでもたいへんに優れた
結果ですが、劉徽の業績は、じつはもっと深いところにあり
ます。

●世界初の分数

『九章算術』の中に「衰分」という章があります。「開平」、すなわち平方根を求める計算などが説明されているこの章への注釈として、劉徽は「微数に名前がないときには分子とし、一退は十をもって分母とし、その再退は百をもって分母とし……」と書いています。

古代バビロニアのところで、60進法の位取りで分数をつくる方法を説明しました。劉徽が書いているのは、次のことです。

「単位より小さい数が現れたときには、単位を10に分ける。余りが、そのいくつ分になるかで分子をつくり、分母は10にしなさい。それでも余る数が出たときには、こんどは10に分けたものをさらに10に、すなわち100に分ける。そのいくつ分になるかで分子をつくり、分母を100にして分数をつくる。これを繰り返せば、どこまでも分数をつくることができる」

同時に小数の位取りを設ければ、10進法の小数をつくることにつながります。劉徽のこの発想は、10進法の分数を世界で初めてつくったことになるのです。

60進法からインドアラビア数字の記数法に変わったのは、10進法にも小数の書き方ができたからです。小数の記数法が確立しなければ、科学の計算に用いることはできませんでした。

ヨーロッパで10進法の小数が書物に現れるのは、16世紀のことです。その後、科学計算のなかで10進法が60進法に置き換わり、定着していきます。

　10進法の小数は、中国からインド、アラビアを経て、ヨーロッパに伝わった可能性が高いと考えられています。その過程で、アラビアの人たちは数字の使い方を改良しました。「インドアラビア数字はインドがつくり、アラビアはその中継ぎをしただけ」という考え方がありますが、それは違うと思います。

　小数の使い方は中国で完成したわけではありませんが、かなり高い確率で、劉徽の発想がインドを通過し、アラビアで使いやすいかたちに改良されたものと推測されます。その結果がヨーロッパに伝わり、10進法が世界に定着したのです。

●『九章算術注』の充実した中身

　アルキメデスは紀元前212年に亡くなっていますので、劉徽はアルキメデスよりも500年ほどのちの人です。アルキメデスの円周率を近似する方法が、劉徽の中国に伝わっていたかどうか定かではありませんが、劉徽ほどの才能であれば独自に近似法を着想できただろうと考えられます。

　古代中国の数学者の計算レベルは高く、円周率の近似値の計算は劉徽以降、中国が世界をリードしてより正確になっていきます。詳しくは後の章に譲りますが、ここでは日本の官僚制にも影響を与えた中国の数学の教科書についてご紹介しておきます。

　中国の数学の教科書は、官僚が数学を勉強するためのものでした。そのため、現実の問題が並ぶ構成となっています。税金の計算、それに使う面積の計算、土木工事のための体積の計算、さらにはさまざまな穀物の換算法などが掲載されています。

『九章算術』には含まれていませんが、軍事目的に使うマス目の入った地図などもつくられていました。地図にマス目を重ねることで、マス目の数から二つの地点の距離が計算できるからです。

　教科書として最もひんぱんに用いられたとされるのが『九章算術』です。劉徽が注釈をつけたこの『九章算術』の内容を少し詳しく見てみましょう。その名のとおり九つの章からなる教科書です。

　九章は次のような並びになっています。「方田」「粟米(ぞくべい)」「衰分」「少広(しょうこう)」「商功(しょうこう)」「均輸」「盈不足(えいふそく)」「方程(ほうてい)」「句股(こうこ)」です。

　先にも登場した「方田」は、田畑の面積の計算です。問題のなかには、弓形の面積計算も登場します。

　「粟米」は、異なる穀物のあいだでの交換の問題を扱っています。粟(あわ)と米の交換率などを扱う問題です。

　これも前述の「衰分」は、比例配分の問題が基本です。

　「少広」は、方田の章の面積を求める計算とちょうど逆の問題を考えます。すなわち、面積から一辺の長さを考えたり、円の面積から周囲の長さを求めたりしています。ここで使われている円周率が3であることは前記のとおりです。

　「商功」では、土木工事に関係した計算が扱われています。水路を掘るときに必要な体積計算や、工事のノルマなどに関係する計算が含まれています。また、ノルマを考えたうえで、労働力の配分を均等にするという発想も見られます。先の税金にも通じる考え方です。

　「均輸」は前述のとおり、輸送に関連した税金を均等配分するための問題を扱っています。

「盈不足」は、過不足算といわれる計算を扱っています。私も、小学生のときに習った記憶があります。

「方程」は、方程式という名称の語源になった章です。文字どおり、未知数が 3 個までの連立 1 次方程式が扱われています。

「句股」は、中国で三平方の定理に使う辺の長さの名前が章題になっています。その名のとおり、三平方の定理が扱われています。

●「算博士」の誕生

　古代バビロニアやエジプトなどに比べ、中国の数学はあまり注目されないところがありますが、その計算力には驚くべきものがあります。

　ヨーロッパが微分・積分を使った円周率の近似計算で中国の円周率の近似に追いつくのに、じつに 1000 年を要しています。ヨーロッパの数学者にとって高い壁となったその円周率の近似計算をしたのは、南朝宋（劉宋（りゅうそう））の祖沖之（そちゅうし）でした。祖沖之については、後の章であらためて詳しく紹介します。

　中国の律令制を学んで組織を整えた日本の官僚も、中国生まれの数学の教科書を使っていました。757 年に施行された「養老律令」で規定された官僚組織のなかに「算博士（さんはかせ）」が登場します。算博士は数学博士というよりも、現在の科学技術官僚に近い存在でした。

　日本国内における算博士に関する記録や、奈良時代や平安時代の数学についての記録は少ないのですが、組織については養老律令や大宝律令からわかる部分もあります。また、『日本書紀』には、中国から科学に関する知識が伝わったと

する記録が残されています。

『日本書紀』の巻十九、欽明天皇15年（554年）2月の項には、百済から暦博士が易博士や薬博士とともに、日本に渡ってきたという記述があります。同じく巻二十二には、推古天皇の10年（602年）10月に百済の僧・観勒が、暦本、天文、地理書、遁甲、方術書を持参して天皇に奉ったという記録があります。

数学に関する記録も残されており、孝徳天皇時代の大化2年（646年）に班田からの税の徴収に、数学が必要になったため、数学の得意な者を官僚として採用せよとの詔（改新の詔）が出されています。

●教科書の重要性

暦や天文は、こうして伝来した各種の知識を用いて、日本人自らが計算しなければなりません。そのために使う数学もまた、当時の中国から伝わっていたものと考えられます。

もちろん、あらゆる知識が中国から伝来したと考えるのは少々乱暴です。たとえば、青森の三内丸山遺跡では、高さ20メートルを超える建物の柱が出土しています。土台になる部分も発掘されており、そのような高層の建物を設計するための計算がおこなわれていたことが推察されます。おそらくはすでに、三平方の定理程度は知っていたことでしょう。古代の人にとって、何をするにも三平方の定理の知識が必要だったと考えられるからです。天体の運行についても、その基礎的な知識は、農耕を通じてある程度蓄積していたものと考えられています。

それでもなお、「知識の集積と伝達」という点では、教科

書の存在は重要でした。体系的・機能的にまとめられることによって初めて、複数の官僚たちのあいだで共有・運用できるものとなるからです。政治組織が整うにしたがって、計算も高度なものが要求されるようになっていました。

養老律令で登場した算博士については、大学寮に算博士2人、算生30人を置くことが定められていました。唐の制度で、国子監に算学博士2人、学生30人を置くという制度と重なりますが、単にまねをしただけとは思えません。じつは、勉強する教科書はほとんど同じですが、少しだけ異なる部分があるからです。

中国の教科書が、

九章算術、海島算経、孫子算経、五曹算経、張邱建算経、
夏侯陽算経、周髀算経、五経算術、綴術、緝古算経

であるのに対し、日本の教科書は、次の10書目からなっています。

九章算術、海島算経、孫子算経、五曹算経、周髀算経、
綴術、凡算経、六章、三開重差、九司

中国から朝鮮半島を経由して渡ってくるときに、朝鮮の制度を反映しながら伝わってきた可能性も考えられますし、また、日本では官僚の教育には使われなかった中国の教科書が伝わっていた証拠も残っています。当時の日本の政府が国情に応じて使用する書物を選別していたことが窺われる事実です。

それでは古代の日本では、円周率についてどのくらい正確な値を用いて計算していたのでしょうか？　残念ながら、こ

れに関する記録は少なく、江戸時代以前についてははっきり
したことがわからないのが実状です。
　『九章算術』と『綴術』が教科書として伝来しているため、
劉徽と祖沖之による結果が伝わっていたことは確実です。た
だし、円周率としてそれほど正確な値を使ったとしても、現
実には役に立たなかったのではないかと思われています。

1-5　インドと π

●インドの円周率は古代ギリシャから来た?

　どのくらいの精密さで円周率を計算していたのかが不明な
古代文明が、もう一つ存在します。——インド文明です。

　インドの古代文明も、エジプトやメソポタミアに匹敵する
歴史をもっています。数学に関することについては、紀元前
3000年ごろのインダス川周辺の文明に、ピタゴラスの定理
（三平方の定理）などの記述があることがわかっています。
天文学も進歩していた古代インドですから、円周率を精密に
計算していなかったということは、まず考えられません。

　古代インドには古代バビロニアから天文学が伝わったとす
る説もあり、これが確かだとすれば、円周率の計算もまた、
古代バビロニアが用いていたレベルの正確さを駆使していた
可能性も考えられます。

　古代インドでは、出土した秤（はかり）などから10進法を使って
いたことがわかっていますが、小数点以下の数は使われてい
ません。円周率の近似計算に関する最も古い記録は、380年
に出版された書物に遺されています。

『シッダーンタ』という天文学を中心に記された書物の中
に、ギリシャで60進法の表記で使われていた値に近い円周
率の近似値が書かれています。これを現代の表記で書くと、

$$\pi = 3 + \frac{177}{1250} = 3.1416$$

となります。この数値は、ギリシャの人たちが60進法で使っていた数字、

$$\pi = 3 + \frac{8}{60} + \frac{30}{60^2}$$
$$= 3 + 0.133\,(循環) + 0.00833\,(循環)$$
$$= 3.14166\,(循環)$$

に近い数字です。この値の近さだけで、ギリシャから伝わったと断言することはできませんが、両者が関連している可能性は十分にあります。

●古代中国との共通点

π の近似値についてはもう一つ、古代文明どうしで共通点が見られるものがあります。

中国の節で書いたように、『後漢書』では π は $\sqrt{10}$ に近い値、3.1622 を使っていました。この数値が、インドでも使われているのです。

598年生まれのインドの数学者、ブラフマーグプタがこの数字を使っています（後述するように、同時代の中国の数学者はもっとよい近似を使っていました）。これらの近似値を求めるためには、基本的にはアルキメデスと同じ方法を用いたと考えられます。

最初に、正六角形のまわりの長さを円周の近似値として使います。このときの円周率の近似値は3で、正六角形の一辺が、その外接円の半径であることからわかります。この使いやすい数字があることから、正六角形から円周の長さの近似を求めはじめたのではないかと推測されます。

　正六角形から頂点を2倍にして、正12角形をつくります。さらに、正24角形、正48角形と頂点の数を増やしていきます。アルキメデスは正96角形まで計算しましたが、理論的にはもっと続けることが可能で、前述のとおり、劉徽は正192角形まで計算しています。

●アルキメデスの方法

　それでは、アルキメデスの方法を考えてみましょう。

　正六角形から始めると、同じことを正12角形、正24角形、……と繰り返すことになりますので、一般的に、正 n 角形の一辺の長さと、頂点を2倍にした正 $2n$ 角形の一辺の長さを比べてみます。

　半径1の円に内接する正 n 角形の一辺の長さを l_n としましょう。正 n 角形から正 $2n$ 角形をつくり、一辺の長さの関係を計算してみます。図1-13のACが、元の正 n 角形の一辺です。

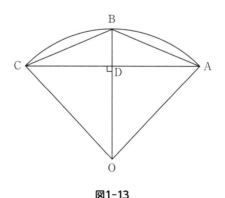

図1-13

弧 AC を二等分するところに点 B を取って、正 $2n$ 角形を
つくります。正 $2n$ 角形の一辺が AB になります。点 B と中
心 O を結ぶ線分は、辺 AC を垂直に 2 等分します。この関
係を式で表すと、長さの関係は

$$AD = \frac{1}{2}AC = \frac{1}{2}l_n, \quad OA = OB = 1$$

となります。直角三角形に注意しましょう。

$$\triangle ODA は \angle ODA = 90°,$$
$$\triangle ADB は \angle ADB = 90° の直角三角形$$

ですから、三平方の定理によって、

$$OD = \sqrt{OA^2 - AD^2} = \sqrt{1 - \left(\frac{1}{2}l_n\right)^2} = \sqrt{1 - \frac{1}{4}l_n^2}$$
$$BD = OB - OD = 1 - \sqrt{1 - \frac{1}{4}l_n^2}$$

$\triangle ADB は \angle ADB = 90°$ の直角三角形より

$$l_{2n}{}^2 = \text{AB}^2 = \text{AD}^2 + \text{BD}^2$$
$$= \left(\frac{1}{2}\, l_n\right)^2 + \left(1 - \sqrt{1 - \frac{1}{4}\, l_n^2}\,\right)^2$$
$$= \frac{1}{4}\, l_n^2 + 1 - 2\sqrt{1 - \frac{1}{4}\, l_n^2} + 1 - \frac{1}{4}\, l_n^2$$
$$= 2 - 2\sqrt{\frac{1}{4}(4 - l_n^2)}$$
$$= 2 - 2 \times \frac{1}{2}\sqrt{4 - l_n^2}$$
$$= 2 - \sqrt{4 - l_n^2}$$
$$l_{2n} = \sqrt{2 - \sqrt{4 - l_n^2}}$$

という関係式が求められます。

　正 n 角形の最初はアルキメデスに倣って、ここでは正六角形にしてあります。正六角形の一辺の長さ 1 を l_n に代入して、正 12 角形の一辺の長さを求めます。正 12 角形の一辺の長さがわかれば、それを 12 倍することで正 12 角形のまわりの長さが求められます。それが、円周の長さの近似値になります。

　直径は 2 なので、正 12 角形のまわりの長さを 2 で割れば、円周率の近似値が求められることになります。この方法を繰り返して、頂点の数を増やしていけば、よりよい円周率の近似値を求めることができます。実際に計算してみましょう。

正六角形：一辺の長さ　まわりの長さ　円周率の近似値
　　　　　　　1　　　　　　6　　　　（6 ÷ 2 =）3

$$l_{2n} = \sqrt{2 - \sqrt{4 - l_n^2}}$$

の l_n に 1 を代入して、

$$l_{12} = \sqrt{2 - \sqrt{4 - 1^2}} = \sqrt{2 - \sqrt{4 - 1}} = \sqrt{2 - \sqrt{3}} = 0.517638\cdots$$

　この計算は、現在なら電卓やパソコンでかんたんにできますが、古代の人々は手計算で平方根を求めなくてはなりませんでした。私の年代の人なら、中学校で平方根を手計算で求める方法を習ったことがあるでしょう。さらに、10 進法の計算を知っているわけですから、当時の人よりは楽に計算することができます。

　ちなみに江戸時代の人は、寺子屋の教科書でそろばんを使って平方根を計算する方法を習っていました。立方根を求める方法が載っている寺子屋の教科書も知られています。

●近似の精度が上がっていく

　ともあれ、古代の数学者にとって計算がきわめて大変な作業であったことを理解して、先の計算を進めていきましょう。正 12 角形のまわりの長さは、

$$0.517638 \times 12 = 6.211656$$

です。これが円周の長さと考えて、直径で割って円周率の近似値を求めると、

$$6.211656 \div 2 = 3.105828$$

となります。これを繰り返していきます（本来は、近似値を求めるときには有効数字を考える必要がありますが、ここで

は有効数字を考えずに計算を進めていきます)。

$$l_{24} = \sqrt{2 - \sqrt{4 - 0.517638^2}} = 0.261052\cdots$$
$$0.261052\cdots \times 24 = 6.265257\cdots$$
$$6.265257\cdots \div 2 = 3.132628\cdots$$

　この値が、正24角形を使った円周率の近似値です。さらに続けましょう。

　正48角形での近似は3.139350

　正96角形での近似は3.141031

　ここまでは、アルキメデスが計算しています。さらに続けると、

　正192角形での近似は3.141452

　正384角形での近似は3.141557

　徐々に、近似がよくなってくるのが実感できますね。

● **インドの数学者が施した工夫**

　インドの数学者は、直径の長さを調整して、計算しやすくする工夫をしていました。たとえば直径を100にすると、平方根がたくさん出てくる計算がやりやすくなります。さらに、円周の近似値を直径で割るときも100で割ることになりますから、割る前から円周率の近似値がわかっているようなものです。

　また、直径を10にすると、計算がしやすいのは直径が100の場合と同じです。さらに、$\sqrt{10}$ を π の近似にするという面白い発想をしていたことがわかってきます。こちらも計算してみましょう。

　まずは、直径が100の場合から計算してみます。計算の

手順は直径が2、すなわち半径が1の場合と同じです。

$$AD = \frac{1}{2}AC = \frac{1}{2}l_n, \quad OA = OB = 50$$

直角三角形に注意して、△ODA は ∠ODA ＝ 90°,
△ADB は ∠ADB ＝ 90°の直角三角形ですから、三平方の
定理によって、

$$OD = \sqrt{OA^2 - AD^2} = \sqrt{50^2 - \left(\frac{1}{2}l_n\right)^2} = \sqrt{50^2 - \frac{1}{4}l_n^2}$$

$$BD = OB - OD = 50 - \sqrt{50^2 - \frac{1}{4}l_n^2}$$

△ADB は ∠ADB ＝ 90°の直角三角形より

$$\begin{aligned}
l_{2n}^2 &= AB^2 = AD^2 + BD^2 \\
&= \left(\frac{1}{2}l_n\right)^2 + \left(50 - \sqrt{50^2 - \frac{1}{4}l_n^2}\right)^2 \\
&= \frac{1}{4}l_n^2 + 50^2 - 2 \times 50\sqrt{50^2 - \frac{1}{4}l_n^2} + 50^2 - \frac{1}{4}l_n^2 \\
&= 5000 - 2 \times 50\sqrt{\frac{1}{4}(4 \times 50^2 - l_n^2)} \\
&= 5000 - 50\sqrt{10000 - l_n^2} \\
l_{2n} &= \sqrt{5000 - 50\sqrt{10000 - l_n^2}}
\end{aligned}$$

　直径が100の場合は、この式を用いることで円周率の近
似値を繰り返し計算できます。一辺の長さに辺の数をかける
と、（直径が100なので）円周率の100倍が求められます。
直径で割る手間が省けるわけです。

たとえば、正 12 角形のときであれば、$l_6 = 50$ を代入して

$$l_{12} = \sqrt{5000 - 50\sqrt{10000 - 50^2}}$$
$$= 25.8819$$

となりますから

$$25.8819 \times 12 = 310.5828$$

正 24 角形のときは同じく $l_{24} = 13.05262$ から

$$13.05262 \times 24 = 313.26288$$

というように、円周率の 100 倍をすぐに求めることができます。

直径に 100 ではなく、10 を使っているのではないかと思われる場合もあります。この場合は、

$$AD = \frac{1}{2}AC = \frac{1}{2}l_n, \quad OA = OB = 5$$

となります。先ほど使った式と同じように変形して、

$$OD = \sqrt{OA^2 - AD^2} = \sqrt{25 - \left(\frac{1}{2}l_n\right)^2} = \sqrt{25 - \frac{1}{4}l_n^2}$$
$$BD = OB - OD = 5 - \sqrt{25 - \frac{1}{4}l_n^2}$$

△ADB は ∠ADB = 90° の直角三角形より

$$l_{2n}^2 = AB^2 = AD^2 + BD^2$$
$$= \left(\frac{1}{2}l_n\right)^2 + \left(5 - \sqrt{25 - \frac{1}{4}l_n^2}\right)^2$$
$$= \frac{1}{4}l_n^2 + 25 - 2 \times 5\sqrt{25 - \frac{1}{4}l_n^2} + 25 - \frac{1}{4}l_n^2$$
$$= 50 - 2 \times 5\sqrt{\frac{1}{4}(100 - l_n^2)}$$
$$= 50 - 2 \times \frac{1}{2} \times 5\sqrt{100 - l_n^2}$$
$$= 50 - 5\sqrt{100 - l_n^2}$$
$$l_{2n} = \sqrt{50 - 5\sqrt{100 - l_n^2}}$$

l_{2n} を $2n$ 倍して直径で割ると、π の近似になります。
$n = 6$ のとき、

$$l_{12} = \sqrt{50 - 5\sqrt{100 - l_6^2}}$$
$$= \sqrt{50 - 5\sqrt{100 - 5^2}}$$
$$= \sqrt{50 - 5\sqrt{75}}$$

これを 12 倍して直径 10 で割ると 3.1058… となります。

さて、円の直径の長さが 100 のときに、次々に正多角形のまわりの長さを計算します。このとき、多角形のまわりの長さの 2 乗を計算し、直径 100 の 2 乗で割っておくと、π の 2 乗の近似値が計算できます。

以下に並ぶ数字は、各正多角形で計算したときの π の 2 乗の近似値です。

正 12 角形……9.646171

正 24 角形……9.813359

正 48 角形……9.855521
正 96 角形……9.866073
正 192 角形……9.868734
正 384 角形……9.869346

　これらの数字の平方根が π の近似になるわけですから、円周率が $\sqrt{10}$ に近づいていくはずだと、誤った予想をした数学者がいたとも考えられます。『後漢書』の値も、インドのブラフマーグプタが使っていたのも、

$$\sqrt{10} = 3.162277$$

に近い値でした。

　ただし、誤った予想を立てたからといって、この人たちには実力がなかったというわけではありません。かえって力があるために、間違えてしまうこともあったのです。

*

　本章で紹介した円周率の近似値には、必ずしも古代文明とはいえない時期のものも含まれています。特にインドの数字は、それほど古いものではありません。インドの場合は資料が限られるために、実際にどのくらいの時期から使われていた近似値なのかがよくわかっていないのです。

　次の章では、中国とヨーロッパの微分・積分を使わずに計算された円周率と、微分・積分を使って飛躍的に正確になった近似値について紹介することにします。微分・積分を使わないで、円周率の近似値を求めた中国の数学者の計算力の高さに驚いていただきます。

第2章

πの値を求めて
——桁数追求競争をした先人たち

3.14
15926535897932384626433832795028841971693993751058209749445923078164062862089986280348253421170679821480865132823066470938446095505822317253594081284811745028410270193852110555964462294895493038196442881097566593344612847564823378678316527120190914564856692346034861045432664821339360726024914127372458700660631558817488152092096282925409171536436789259036001133053054882046652138414695194151160943305727036575959195309218611738193261179310511854807446237996274956735188575272489122793818301194912983367336244065664308602139494639522473719070217986094370277053921717629317675238467481846766940513200056812714526356082778577134275778960917363717872146844090122495343014654958537105079227968925892354201995611212902196086403441815981362977477130996051870721134999999837297804995105973173281609631859502445945534690830264252230825334468503526193118817101000313783875288658753320838142061717766914730359825349042875546873115956286388235378759375195778185778053217122680661300192787661119590921642019893809525720106548586327886593615338182796823030195203530185296899577362259941389124972177528347913151557484574249456059509828224127287628055890750598381754637464939319255060400927701671139009848824012858361603563707660104710181942955596198946767837449449482553797747268471040475346462080466842590694912933136702898915210475216205696602405803815019351125338243003558764024749647326391419927260426992279678235478163600934172164121992458631503028618297455570674983850549458858692699569092721079750930295532116534498720275596023648066549911988183479775356369807426542527862551818417574672890977772793800081647060016145249192173217214772350144194793568548161361157352552133475741849468438523323907394143334547762416862518983569485562099219222184272550254256887671790494601653466804988627232791786085784383827967976681454100953883786360950680064225125205117392984896084128488626945604241965285022106611863067442786220391949450471237

2-1 アルキメデスと劉徽

●ミラノのドゥオーモを建てるには

　数学の歴史というと、どうしてもヨーロッパに目が向きがちです。

　その背景としては、ヨーロッパの数学が「微分・積分」という強力な方法を創り出したことが大きな要因になっていると思います。科学の諸分野を飛躍的に進歩させた微分・積分に大きな注目が集まるのは当然のことです。

　しかし、微分・積分がつくられる以前にも、数学の本質的な進歩がありました。そして、理論だけでなく、円周率や三角関数の近似値を精密に求める営為もまた、数学を進歩させるうえで非常に重要なことだったのです。

　現実の問題に数学を適用する際に、「数値の正確さ」が重要であることは論を俟ちません。たとえば、三角関数の値が正確に求められていなければ、高い建物をまっすぐに建てることなどできないのですから。

　観光地としても人気の高い、ミラノのドゥオーモが建設されたときのエピソードをご紹介しましょう。

　ドゥオーモの礎石が築かれた14世紀当時のミラノを治めていたのは、絶対君主として君臨していたジャン・ガレアッツォ・ヴィスコンティです。絶対君主とはいえ、優れた経済政策を実行していたヴィスコンティの下で、ミラノは経済的な発展を謳歌していました。しかし、やはり経済的な発展を享受し、共和制を敷いていたフィレンツェとは、対照的な存

在としてとらえられていたようです。

　そのため、ミラノにはヴィスコンティの権威を示す建造物としてのドゥオーモが必要でした。ヴィスコンティの絶大な権力が天へと昇っていくさまを象徴するものとして選ばれたのが、荘厳なゴシック建築です。ゴシック建築の専門家は当初、全体が正三角形の構造をもつ設計案を示したといいます。ところが、ミラノの職人たちの猛反対にあってしまいました。

　なぜでしょうか？　その背景にあるのが、「数値の正確さ」です。

●無理数を避ける

　現代の数学の知識があれば、正三角形はかんたんに描ける図形です。定規とコンパスを使って正三角形を描く方法は、小学校で習います。

　しかし、正三角形の構造をもつ建造物をつくる場合には、平面に正三角形を描くのではなく、3次元空間中につくることになります。つまり、正三角形の「高さ」が必要になるのです。

　その高さを求めるには、30度、60度、90度の三つの角からなる三角定規の、直角をはさんで長いほうの辺が必要になり、そこに $\sqrt{3}$ という数が現れます（図2-1）。

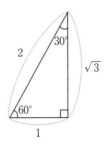

図2-1 高さに無理数が現れる

$\sqrt{3}$ は無理数です。無理数は循環しない無限小数なので、近似値しか求めることができません。巨大な建造物をつくる場合には、近似値のわずかな誤差が、実際の長さでは大きな誤差へと拡大されてしまいます。ミラノの現場の職人たちが、正三角形の構造に反対したのは当然のことでした。

そのため、結局は、3，4，5の長さの比をもつ直角三角形と正三角形を合わせた構造に落ち着きました。

このドゥオーモの例のように、可能なかぎり正確な近似値を求めることは、建築においても芸術においてもきわめて重要です。特に、「垂直（直角）」が要求されるときには近似値ではダメで、正確に垂直にしなければなりません。

そしてその際には、図2-1に示したような三角形を使うことはできません。辺の長さに無理数が入っている三角形では、コンパスを使って正確に描くことができないからです。正確な垂直をつくるには、三辺の長さを正確に描く必要があるので、先の3，4，5のように「辺の長さが整数になっている直角三角形」が重要な役割を果たします。

このような三角形を「ピタゴラスの三角形」といいます。

三平方の定理、いわゆるピタゴラスの定理が成り立つ、作図しやすい三角形です。

　ピタゴラスの定理を活用することは、たとえば、古代エジプトで数多く築かれたピラミッドを建造する時代から重要でした。つまり、ピタゴラスの定理は、ピタゴラスが生まれる前から存在していた（人々にその性質が知られていた）ということになります。

●正1536角形を使って

　前項では「無理数を避ける」話をしましたが、本書の主人公である円周率πは、無理数です。したがって、現実社会に役立てるには、少しでも正確な近似値が必要となります。

　アルキメデスや中国の劉徽が、躍起になって正確な近似値を求めた背景には、このような事情があるのです。ところが、アルキメデス以降のヨーロッパでは、プラトンやアリストテレスの"悪い影響"を受けてしまいます。幾何学を、作図問題だけに矮小化してしまったのです。

　この影響により、使えるものはなんでも活用しようとする、アルキメデスの実利的な考え方・手法は発展の道を閉ざされてしまいました。「図形を数で表現する」という立場のピタゴラス学派は廃れ、「数を図形で表現する」傾向が強まりました。この傾向は、ユークリッドの著作に端的に現れています。

　そのような流れのなかで、アルキメデス以降のヨーロッパの数学はしばらくのあいだ、πの近似値を改良する努力から遠ざかってしまったのです。

　現在の数学はヨーロッパの数学が中心ですが、それは、ニ

ュートンとライプニッツによる微分積分学の構築の結果です。微分積分学は、数学のなかでも特に強力な手法ですが、微分・積分の登場以前は、中国やアラビアの数学者たちの活躍が輝いています。

　なかでも、近似値を求めることに関して、中国の数学者は、並々ならぬ力を発揮してきました。

　第1章で紹介した劉徽の発想は、10進法において小数点以下の数をいくらでもつくることを可能にしました。何かを計測して余りが出たら、単位の長さを10分の1ずつ小さくしていきます。余りが出なくなったらそこで止め、余りが出つづけるなら、いつまでも繰り返し測ることを続ければよいからです。

　無理数である π は、無限に続く循環しない小数で表されますから、精密にしていく努力をいつまでも続ければ、近似の精度をどこまでも上げていくことが可能です。その一方で、「正確な値」には、決してたどり着くことのできない数でもあります。

　ここに、π の値を求めて永遠に続く「桁数追求競争」が幕を上げることになりました。

　コンピュータの存在しない時代、π の近似値の精度を上げていくには、円を正多角形で分割する方法を根気よく続けていくしかありません。劉徽は、正1536角形を使って計算したのではないかと考えられています。なんという粘り強さ、なんという執念でしょうか。

●失われた名著

　劉徽の後に中国の数学を支えたのは、前章でも名前の登場

した祖沖之（429～500）です。彼は南朝宋の官僚でした。

　宋という国には、春秋戦国時代の「宋 襄 の仁」の話に出てくる宋や、平清盛が貿易をしていた 趙 匡 胤 が立てた宋（北宋）もあり、その臨安遷都後を南宋といいます。そこで混乱を避けて、南朝宋のことを建国者である 劉 裕 にちなんで「劉宋」とよぶこともあります。劉宋は 420 年から 479 年まで続きました。

　劉徽は、三国志の時代に曹操が興した魏の国で活躍した人です。その魏が、蜀の名軍師・諸葛 亮 孔明のライバルとして活躍した司馬懿仲達の孫・司馬炎に乗っ取られて、西晋という国ができました。

　西晋が北方の異民族に圧迫され、南に逃れて東晋とよばれる国になりますが、この東晋が紆余曲折を経て劉宋へといたったのです（ちなみに、劉宋には倭の国の五王、すなわち日本の 5 人の王様から使者が送られています）。

　祖沖之は、そのような劉宋で官職に就いた人物でした。栄枯盛衰が続いた中国の波乱の歴史において、劉徽に連なる数学者として祖沖之が現れたことは 僥 倖 といえるかもしれません。

　その祖沖之に関する記述は、隋の歴史を記した『隋書』の中に見られます。同書には、私たちが現在使っている「円周率」という言葉も登場します。

　『隋書』の律暦志は、円周率についての記述が含まれる、中国の歴代王朝を記述した正史のなかでも珍しい書物です。円周率の探求に努めた数学者の名前も列記してあり、 劉 歆 や 張 衡、劉徽、王番、皮延宗などの名前が挙げられています。

　なかでも、祖沖之については、最も優れた数学者であると

して、高く評価しています。その祖沖之が書いた数学の教科書が『綴術』です。第1章でも触れたように、『綴術』は日本でも算博士になる人や、数学を使う官僚が学ぶ教科書の一つとされていました。中国や朝鮮半島でも官僚の教育に使われましたが、最も難しい教科書だったようです。

ふしぎなことに、これだけ広く教科書として使われていたにもかかわらず、『綴術』は現存していません。

●祖沖之が求めた円周率

中国歴代王朝の正史の中に、科学的な記述が含まれているケースは珍しくありません。正史を書くのは太史令という役職で、天文についても記録を取り、計算をします。『漢書』や『晋書』の律暦志には、暦をつくる際の新月／満月の計算やその手順、そこで使われる天体のさまざまなパラメータが書かれています。日本でも長いあいだ、暦の計算には『晋書』の律暦志が使われていました。

しかし、円周率そのものを扱っているのは、どうやら『隋書』だけのようです。とはいえ、『隋書』の祖沖之に関する記述はごくかんたんで、彼がどのようにして π の近似値を求めたのかは定かではありません。おそらく、アルキメデスや劉徽のように、円を正多角形で分割する方法を使ったものと推測されています。

祖沖之の生きた時代は、じつに血生臭い時代でした。劉宋の歴代皇帝は猜疑心が強く、親族間で幾多の殺し合いをしています。中国北部の王朝とのあいだでも、多くの戦が交わされました。

祖沖之が改良した「指南車」も、戦いの場で方角を知るた

めに使われたようです。指南車とは、その名のとおり、載せられている人形がつねに南を指すようにつくられた車です。「南を指す」というと方位磁石を使っているのかと思いがちですが、祖沖之は機械的にいつも南を指すように工夫していました。

　祖沖之がおこなった π の計算は、基本的には第 1 章で説明した、正多角形の頂点を次々に倍にしていく方法です。そこで使われている式を見れば、現代人の私たちには、その方法を容易に理解することができます。

　しかし、劉徽や祖沖之の時代には、ルートの記号（根号）や式での表現は存在しませんでした。平方根の計算は、『九章算術』に書かれた方法で手計算をします。正多角形の頂点の数を 2 倍にするといっても、その計算にはたいへんな労力が要求されました。

　祖沖之による π の値は、π を上と下からはさんだ不等式

$$3.1415926 < \pi < 3.1415927$$

によって示されました。しかし、彼が求めたのはこれだけではありません。次の二つの分数を求めています。

「密率」とよばれる分数での近似値：

$$\frac{355}{113} = 3.141592\cdots$$

「約率」とよばれる分数での近似値：

$$\frac{22}{7} = 3.142857\cdots$$

　後者の約率は祖沖之の前に、東晋から南朝宋（劉宋）に奉仕した天文学者、何承天（370〜447）によっても求められています。暦を正確にする努力を続けた人物として知られ、文帝の命を受けて劉宋の史書の編纂にも携わりました。

　祖沖之は、何承天が改良した暦をさらに改良しています。そしてこの約率の値は、アルキメデスの π にも一致していました。

　前者の密率は、小数点以下第6位まで正しい値です。ヨーロッパがこの値に追いつくには、ドイツ人のオットが1573年に求めた近似値まで待たねばなりませんでした。すなわち、祖沖之は約1000年、ヨーロッパの先を走っていたことになります。この時代の中国の天文学者や数学者の計算力とその方法が、非常に高いレベルにあったことを示す逸話の一つです。

　当時の天文学者が暦を作成する際には、現在は「補間法」の名で知られる計算方法を使っていました。補間法とは、ある関数において、二つ以上の点における関数値があらかじめわかっているとき、両者のあいだにある任意の点に対する近似値を求める方法で、内挿法ともよばれます。

　たとえば、中国では三国志の時代から、月の位置が毎日、計算されていました。その計算の中間の位置を、計算した位置から求める際などに補間法が用いられていたのです。

　この時代にはすでに、単純に平均値を求めたのでは、「数値の正確さ」の点で間に合わなくなっていました。隋の時代

の劉　焯（544〜610）という天文学者が使った補間法は、使用した次数が低いという点を除けば、18世紀末に登場する偉大な数学者、カール・フリードリヒ・ガウスのつくった補間法と同じ方法を使っています。

　中国の数学者は、微分積分学にこそ到達しませんでしたが、精密な近似計算には非常に優れていたといえるでしょう。

2-2 アルキメデスの伝統はどこへ

●正24576角形！

　前節で紹介した祖沖之の計算結果を得るためには、少なくとも正 24576 角形の辺の長さを計算しなければならないことがわかっています。この計算は、気が遠くなるほどの計算の繰り返しです。前述のとおり、祖沖之の計算方法は、基本的にはアルキメデスの方法と同じ計算の繰り返しをおこなったものと考えられています。そして、祖沖之より前に円周率を計算した劉徽もまた、この方法を使っていました。

　これほど膨大な計算を繰り返さないと円周率のよい近似が求められないのには、理由があります。円の内側につくる正多角形と外側につくる正多角形の辺の長さ、または面積が、じつはそれほど近い値にならないからです。

　正多角形の周囲の長さと円周、正多角形の面積と円の面積は、見た目にはかなり近いように見えますが、実際には、さほど近い値ではありません。そのため、劉徽や祖沖之も取り組んだアルキメデスの方法を使って正確な近似値を求めようとするかぎり、きわめて大きな数の頂点をもつ正多角形——正 24576 角形のような！——が必要になります。

　アルキメデス以降にも、さまざまな数学の天才たちが円周率の良い近似値を求めようと努力を続けましたが、アルキメデスと同じ方法を取ったのでは、結局は正多角形の頂点の数をとてつもなく多くしなければならないという壁に直面します。

　では、アルキメデスとは異なる方法で、より良い円周率の近似値に迫る道はないのでしょうか？　正多角形を用いずに、独自の方法で計算を改良した人もいます。その方法については、後で詳しく説明します。

　まずは、アルキメデスをはさんだ前後の時代に目を向けて、ギリシャの数学がどのように発展してきたのかを確認しておきましょう。

●プラトンの弊害

　アルキメデスがそうであるように、ギリシャの数学の発展に貢献したのは、じつはローマ時代に活躍したギリシャ人がほとんどです。ピタゴラスや、「アキレスと亀」のパラドックスで有名なツェノン（ゼノン）はギリシャ時代の人ですが、アルキメデスやユークリッドはローマ時代を生きた人たちです。

　図2-2に、ローマ建国後の大まかな出来事の年表と、ギリシャの数学に貢献した人物をまとめます。

プトレマイオス朝	前305 ～ 前30
ローマ建国	前753
帝政ローマ	前27
西ローマ帝国	395 ～ 476
東ローマ帝国	395 ～ 1453
ピタゴラス	前582？～ 前496？
プラトン	前427 ～ 前347
アリストテレス	前384 ～ 前322
ユークリッド	前3世紀ごろ
アルキメデス	前287？～ 前212
エラトステネス	前275 ～ 前194
プトレマイオス（天文学者）	83ごろ～168ごろ

図2-2　古代ギリシャ・ローマの年表と代表的な数学者たち

　ローマ自体は、建築などの大規模な工事に強い関心を寄せた国で、数学に特有の細かい論理の積み重ねや展開などには、さほど興味をもたない傾向にありました。どうやら巨大な建造物をつくる国には、このような傾向が強いようです。バビロニアに比較すると、ピラミッドを建造したエジプトにも、同様の傾向が見られます。

　繰り返しますが、ローマ時代の数学を発展させたのはローマ人ではなく、ローマ時代に生きたギリシャ人です。プラトンやアリストテレスもその範疇に入ります。

　プラトンはアテナイ出身で、その郊外に数学や幾何学、天文学等を学ぶ「アカデメイア」を創設し、研究の拠点としました。アカデメイアの門に「幾何学を知らざる者、この門をくぐるべからず」と書かれていたことは有名ですが、どうも

プラトンは、それほど深くは数学を理解していなかったよう
です。彼の幾何学は、かなり矮小化されたものに思えるから
です。

ソクラテスの弟子であるプラトンは、無防備に哲学につい
て発信するのは危険だということを理解していました。ソク
ラテスのように死刑に処されてしまうことを絶対に避けたか
ったプラトンは、彼の哲学の中に数学を組み込むことで、一
種のカムフラージュをおこなったと考えられています。

しかし、そのような背景をもつプラトンの数学は、コンパ
スと定規で作図ができるかどうかという点に注目しすぎ、幾
何学の範囲をかなり狭めてしまっています。厳しい言い方を
すれば、プラトンのアカデメイアには数学があったとはいえ
ません。門には幾何学の文字が書かれていたのに、肝腎の門
の中には幾何学は存在しませんでした。

のちに登場するアルキメデスのように、あらゆる数学的手
段を使って現実を表現し、問題を解決するという考え方を持
ち合わせてはいなかったのです。

プラトンのアカデメイアで学んだアリストテレスもまた、
思考が先行するタイプで、実験や観察を得意とする人物では
なかったようです。「重い物は軽い物より早く落ちる」と書
き残していますが、学問を実用に活かす手法をよしとしない
プラトンの系統に属す人たちには、アルキメデスのような手
法を推し進めることは難しかったでしょう。

プラトンとアリストテレスは、アルキメデスより1〜2世
紀前の年代に生きた人たちです。知識人層にプラトンとアリ
ストテレスの伝統が息づいているアテナイには、アルキメデ
スの後継者は現れませんでした。

●ある女性数学者の死

　アルキメデスを継ぐ人たちは、プトレマイオス朝期のエジ
プト・アレキサンドリアに現れます。

　アレキサンダー大王の死後、彼の遠征に従った将軍たちは
仲間内での争いを始めます。そのうちの一人がエジプトでの
支配を確立し、プトレマイオス1世となりました。

　アレキサンドリアは、アレキサンダー大王がエジプト遠征
をした際に、すでにその基礎を築いていました。プトレマイ
オス1世から3代目の3世まで、優れた王が続きます。

　なかでもプトレマイオス2世は、アレキサンドリアを世界
の学問の中心、研究の中心と定め、膨大な量の書物を集め
て図書館を拡充させたことで知られています。アレキサンド
リアでは、ギリシャ人やエジプト人、ユダヤ人など、多彩な
人々が集い、研究生活を送りました。

　ちなみに、プトレマイオス朝の最後の支配者は、あの有名
なクレオパトラですが、彼女が王朝を滅亡させたというのは
少し気の毒かもしれません。なぜなら、ローマ人がカエサル
に導かれて征服したのですから。彼らは、アレキサンドリア
の図書館や大学、研究所を破壊しました。

　ちなみに、時代は下り、415年に総主教キュリロスに主導
されたキリスト教徒が、やはりアレキサンドリアの図書館や
研究所を破壊しています。その際、当時の図書館に勤務し、
天文学者としても知られていた女性数学者、ヒパティア（ヒ
ュパティア）を殺害してしまったのです。ヒパティアは優れ
た数学者で、アルキメデスの後継者の一人と考えていい人物
でした（図2-3）。

図2-3　非業の死を遂げた女性数学者・ヒパティア

　この事件を契機に、アレキサンドリアにおける数学の伝統
は、衰退していくことになります。

●プトレマイオスが用いたπ

　ヒパティアが非業の死を遂げるより前には、多くの優れた
科学者がアレキサンドリアに集まり、研究をしていました。
その代表例が、図2-2に掲げたエラトステネスやユークリ
ッド（エウクレイデス）、プトレマイオスらです。

　他にも、三角形の面積の公式にその名を残しているヘロン
がいます。ヘロンも、1世紀ごろのアレキサンドリアで活躍
しました。ヘロンは自著『メトリカ』の中で、アルキメデス
の求めた円周率のことを書いていますが、アルキメデスより
よい近似値は求めていません。

　また、17世紀のフランス人数学者、ピエール・ド・フェ
ルマーが読んでいた整数論に関する書物の著者であるディオ
ファントスもまた、3世紀のアレキサンドリアで研究をした
一人です。フェルマーは、あの有名なフェルマーの最終定理

をディオファントスの本の余白にメモしていました。

　さらに、3世紀末から4世紀にかけて三角関数の研究をしていたパッポス（パップス）も、アレキサンドリアの人です。残念ながらディオファントスもパッポスも、円周率についてはよい結果を得ていません。

　天文学者であったプトレマイオスは、天文学に関する『アルマゲスト』と占星術を主題にした『テトラビブロス』などの書物を遺しています。天体を研究する際には球体上の幾何学を扱うため、プトレマイオスもまた円周率を使用していました。プトレマイオスが使った円周率は、アルキメデスより30歳ほど若い優れた数学者アポロニウスの結果と同じ値でした。

$$\pi = 3 + \frac{17}{120} = 3.14167$$

　これが、プトレマイオスの使っていた π の近似値ですが、彼自身はどうやら、円周率のよい近似値を求める研究をしていたわけではなかったようです。

●「史上2番目に優れた人」

　地球の大きさを測ったことで知られるエラトステネスは、アレキサンドリアの図書館で主任司書をしていたときに「β（ベータ）」とよばれていました。β は、ギリシャ語のアルファベットで2番目の文字です。つまり、「史上2番目に優れた人」という意味で β とよばれていたのです。

　では、アルファベットの1番目、「α（アルファ）」の敬称を得ていたのは誰だったのでしょうか。その人物はプラト

ンと見られています。哲学専攻の人には怒られそうですが、私には前述の理由から、プラトンよりもエラトステネスのほうが優れているように思えます。

さて、エラトステネスが求めた地球の周の大きさは、誤差が5％ほどでした。彼は、アレキサンドリアと、その南方にあるシエネ（現アスワン）で太陽が最も高くなったときの角度を求め、二つの都市がつくる中心角を求めました。アレキサンドリアとシエネはほぼ同じ子午線上にあるので、この方法が使えたのです。

このとき、地球の大きさを計算するにはもう一つ、この2都市間の距離が必要となります。「そんなに長い距離を当時、どうやって測ったのか？」——誰でもそう思いますよね。

この疑問については、軍隊の中に歩幅を一定に保てる訓練をした兵隊がいて、歩測をおこなったのだと考えられています。2点間の距離を測定することは、軍事的にも重要なことでした。

しかし、これほど正確な測定をしたエラトステネスでさえ、アルキメデスより正確な円周率の近似値を求めてはいませんでした。アルキメデスからエラトステネスに宛てた手紙が残っていることから、アルキメデスの結果を知っていたと考えられています。その結果を使えば、地球の大きさを計算することも可能でした。

●三角関数から円周率へ

エラトステネスは、三角比の優れた数表をもっていたことも知られています。まず、ある角度に対する三角関数をその

2倍の角度の三角関数に変換する「半角の公式」を使って、できるだけ細かい三角比を求めました。次に、現在では高校で習う加法定理によって、三角比の値を求めていきます。

　この作業も、考えただけで気が遠くなるような計算です。その結果を用いて、エラトステネスは地球から太陽までの距離をかなりの精度で計算していたといわれています。πの近似値は改良していませんが、三角比の値は高い精度で求めていたのです。

　そして、エラトステネスやパッポスの三角関数における業績が、アラビアの数学者によってさらに発展していきます。そのことが、その後の円周率の計算を助けることになりました。

　πの近似値を求める方法は、アルキメデスの死後、なかなか進歩しておらず、結局はアルキメデスと同じ方法が使われつづけています。何度もお話ししてきた「円を内側と外側から正多角形で挟む方法」です。多くの人たちが正六角形からはじめて頂点の数を倍にすることを繰り返し、円周の長さを正多角形のまわりの長さで挟んでいきました。

　同じ方法で面積を使った人もいます。正多角形の頂点の数を倍にすることを繰り返し、直径に対する円周の長さの比、あるいは面積比を近似していったのです。しかし、本質的には、アルキメデスの方法から進歩は生じませんでした。

　アレキサンドリアで活躍した幾多の数学者たちも、アルキメデスの方法を用いていました。その方法から「一歩」外に出るためには、長い年月が必要だったのです。

2-3 フィボナッチの功績

●偉大な皇帝

　この世界の現象を解析し、重要な法則や定数を調べていると、ときに同じ天才に出くわすことがあります。「この人にはこんな業績もあったのか！」「この人とこの人がここでつながるのか！」といった驚きを覚えることも少なくありません。この節では、そのような驚きについて、いくつかのエピソードをご紹介したいと思います。

　専制君主という言葉には、どうしても苛斂誅求（かれんちゅうきゅう）をして民衆を虐（しいた）げるイメージがついてまわります。しかし、絶対君主制というシステムには、優れた王に恵まれれば、きわめてスムーズに国政がおこなわれうる可能性も秘められています。

　天賦の才に恵まれた者が専制君主になった場合、はたしてその国の人は幸せなのか不幸せなのか——なかなか判断に困るところです。

　歴史上の専制君主のなかで、天才的な人物を一人選べといわれたら、私にはこの人しか思い浮かびません。読み書き、話すことができる言葉が7ヵ国語、話すだけなら9ヵ国語に精通し、詩を詠めば玄人はだし。現代的な実験科学の発想までをも有していた神聖ローマ帝国皇帝、フリードリヒ2世（1194～1250）です（図2-4）。

図2-4　フリードリヒ2世

　フリードリヒ2世は、父が神聖ローマ帝国皇帝、母がシチリアの王女という環境に生まれました。すなわち、彼は神聖ローマ帝国皇帝とシチリア王を兼ねる権利をもって、この世に生を受けたのです。

　これを最も恐れたのは、ローマカトリック教会でした。同じ国王が支配する二つの国に挟まれて、存続が危ぶまれるリスクを抱えることになるからです。ローマカトリック教会は宗教的な尊敬だけでなく、政治的な力も維持したいと考えていました。当時、東ローマ教会は宗教的な尊敬しか保持できておらず、それを見ていたローマカトリック教会は、東ローマ教会と同じ轍を踏むことを嫌ったのです。

　フリードリヒ2世は、幼少期こそインノケンティウス3世に後ろ盾になってもらいましたが、成人するとその才能を遺憾なく発揮し、やがてローマカトリック教会と全面対決することになったのです。彼が存在しなければ、現在のヨーロッパが存在しえないとまでいわれる大人物でした。

●フィボナッチとフリードリヒ2世のサロン

　このフリードリヒ2世が、数学と深い関わりをもっているのです。イタリアに中央集権国家を建設したいと考えたフリードリヒ2世は、官僚養成のための大学をつくろうとしました。当時の大学といえば、ローマカトリック教会の大きな修道院が母体であったため、それに対抗する"私立大学"が必要だと考えたのです。

　既存の大学はすべて、ローマカトリック教会が聖職者を養成するために設けたものでした。フリードリヒ2世はこれに対し、初となる私立大学をナポリに設立しました。皇帝がつくったのですから"私立"というのはおかしいのですが、ここでは、ローマカトリック教会のための大学ではないという意味で私立大学とよんでおきます。

　詩人、科学者、軍人としても並外れた才能をもっていたフリードリヒ2世は、当時の知識人たちをサロンに集めました。そのサロンのメンバーのなかに、一人の重要な人物が含まれていました。

　数列にその名を残しているピサのレオナルド、すなわちフィボナッチ（1170ごろ～1250ごろ）です（図2-5）。研究者によっては、彼がフィボナッチとよばれるのは間違いだという人もいますので、ここでは、ピサのレオナルドとよぶことにします。

図2-5　フィボナッチことピサのレオナルド

●10進法が一般市民に浸透

　フリードリヒ2世は、ピサのレオナルドを自分のサロンに置いておくだけでなく、さまざまなところで講義をさせました。その内容は実用に役立つ数学で、位取り記数法の10進法も含まれていました。

　ピサのレオナルドの講義によって、10進法が一般の人の手にも渡ったのです。彼は、具体的な計算の仕方も教授していたといいます。

　ピサのレオナルドはフィレンツェでも同様の講演をおこない、当地の建築に携わる人たちの計算力を向上させました。現場監督や石工などに代表される技術者たちの、基礎的能力の向上に大きく貢献したのです。大げさではなく、社会全体の知識に厚みが生まれたといえるでしょう。

　「10進法を習ったぐらいで何ができるの？」と疑問に思う人もいるかもしれません。しかし、それ以前の細かい計算はすべて、60進法でおこなわれていたのです。専門的な訓練

を受けたわけではない一般の人にとって、10進法のほうが使いやすいのは明らかでしょう。

数学の発展においては、「新たな発見をする人」ももちろん重要ですが、生み出された新たな知識を「現実の世界で用いる方法を教える人」も同様に大切なのです。ほんの一握りの人しか図面を読めず、計算もできない国と、現場の人間がそれぞれ自分で計算できて、現場監督のいうことをそのまま理解できる国とで、どちらが国として強いか、答えは自明です。

一般市民のあいだで計算のレベルを向上させることは、それほど大事なのです。

フリードリヒ2世の播いた種は、確実にイタリアの都市国家のレベルを向上させました。フリードリヒ2世の居城は、科学好きな皇帝の城にふさわしく、黄金分割を使った八角形をしていたといいます。

●フィボナッチの円周率

現実の自然を普通の人が理解し、普通の人の幸せのために使うようになりました。正確な暦をつくるだけでなく、現実を表現するには幾何学も必要となりました。そのような知識と応用の仕方が人々のあいだに少しずつ浸透していった結果、ヨーロッパは確実に新しい時代に入る用意を完了しました。

それが、ルネサンス期です。アート（art）という言葉には、芸術という意味とともに技術という意味もあります。イタリアルネサンスからフランスルネサンスへと続く時代には、芸術と科学に区別がありませんでした。レオナルド・

ダ・ヴィンチは大砲の技術者でもありました。ミケランジェロは城壁の技術者でした。

芸術と科学技術が同じ意味をもっていた時代に、ダ・ヴィンチや、ドイツの画家にして数学者であったアルブレヒト・デューラーらが円周率に興味を抱いたのも、ごく自然な流れだったといえます。ピサのレオナルドも、この時代の種を播いた一人です。

ピサのレオナルド自身も、円周率の計算をしていました。彼もまた、アルキメデスと同様に正96角形を使っていましたが、少し異なっていたのは、10進法で計算していた点です。平方根を10進法で計算していたのです。

ピサのレオナルドの計算は小数点以下第3位まで正確でしたが、この時代の10進法にはまだ、小数点以下の表現がなかったため、整数の比を用いていました。円周率の近似値計算が、桁数をぐんと伸ばす前の時代です。

ルネサンス以前の中世ヨーロッパは、円周率に関する面でも進歩がなく、昔の時代の円周率に舞い戻っています。

●「種を播く人」

フリードリヒ2世は、さまざま知識、特に理系の知識の重要性を理解していた人でした。前述のとおり、実験科学の重要性についても理解していたといわれています。自身のサロンにさまざまな分野の知識人をかき集め、「知識の中心」をつくっていたのです。

数学の力が素晴らしいという噂を聞きつけて、ピサのレオナルドをよんだのも、フリードリヒ2世の興味からでしょう。フリードリヒ2世が育ったシチリアは、アラビア人も

たくさん住む地域でした。彼が綺麗なアラビア語を使えたのはその影響が大きかったと思われますが、ピサのレオナルドもまた、似たような境遇だったのです。

彼の父親は、アフリカの貿易拠点だったブージー（現在のアルジェリアの港湾都市）の商人でした。そのため、ピサのレオナルドはイスラム教の学校に通い、そこでインドの記数法を身につけたといわれています。

そして各地を旅して、さらに各種の記数法を学び、数学の問題の解き方の研究もしていました。アーメスのパピルスと同じような問題も解いていることから、古い数学の文献にも目を通していたものと推測されます。

ピサのレオナルドは、途絶えていたヨーロッパの数学を復興した人物であるといえます。円周率の計算などの専門的な側面だけでなく、普通の人の計算レベルを向上させた貢献は大きく、先にも記したように「種を播く人」という称号にふさわしい人物です。

彼の書いた『算盤の書』には現在でいうところの循環級数も含まれており、数世紀にもわたって最も優れた数学書でした。

フリードリヒ2世はサロンにレオナルドをよび、さまざまな問題を解かせていたといわれています。次々と出される問題のなかには、当時はまだ解法が確立していなかった3次方程式の問題も含まれていました。ピサのレオナルドはその問題に対し、すぐに小数点第9位まで正確な答えを求めたと伝わっています。

フリードリヒ2世によって集められたピサのレオナルドらの貢献により、明らかに一般の人たちの技術や知識のレベ

ルが上がっていきました。そして、これに続くルネサンス期を迎えたところで、ヨーロッパでは一気に、文明も文化も進歩していったのです。

2-4 桁数の競争をした人たち

●無限を嫌った数学者たち

　与えられた円と同じ面積の正方形を求める「円積問題」という問題があります。アルキメデス以前から、円積問題は π の近似計算に対して、なんの役にも立たない問題であるとされていました。現代では、円積問題は解決不能であることがわかっています。その理由は、この本の後半に現れるテーマへとつながっていきます。

　先にも記したように、分数で表すことのできない無理数については、ギリシャ時代とローマ時代の数学者は避けて通っていました。別の言い方をすれば、「無限と向き合うことを嫌った」と考えられています。ところが、π の近似を考えるときには、無理数を避けては通れません。

　ローマ時代にギリシャ人数学者たちが活躍した後、アレキサンドリアの学者の伝統は、アラビア系の数学者に受け継がれていきました。アラビア系の数学者にも、π の近似について目立った業績はありません。しかし彼らは、三角関数の理論的発展と、インドアラビア数字で 10 進法を使うことに関して、大きな進歩をもたらしてくれました。

　三角関数の数表をつくったアラビア系の数学者たちは、それほど熱心には円周率の正確な近似値を求めていませんが、ペルシアの天文学者でもあったアル＝カーシー（1380〜1429）は、正 3×2^{28} 角形を円に外接させて、小数点以下 16 位まで正確な近似値を求めています。しかも、10 進法では

小数点以下を表すことがまだ一般的ではなかった時代に、彼らは60進法を使って細かい計算をしていました。

　アラビアの数学者による大切な仕事としてはもう一つ、円周率、すなわち円の直径に対する円周の比率は直径の長さに関係なく一定であることの証明があります。バヌー・ムーサ（803？～873）による証明です。彼らは、ユークリッドの公理的な記述も進歩させています。

　アラビア系の数学者たちのおかげで、πの近似を求める際の複雑な計算が、機能的にできるようになりました。加えて、後出するジョン・ネイピアやヨスト・ビュルギによって整備された対数によって、さらに機能的に計算ができるようになりました。

●「真の円周率の値」とは……?

　それでは、ルネサンス期あたりまで、すなわち微分・積分が登場する以前の円周率の近似値を比較してみましょう。近似値を求める基本的な方法は、アルキメデスのものと変わっていません。

$$ネヘミア（ユダヤの法律博士）150年頃：\frac{22}{7}$$

$$ピサのレオナルド（1170ごろ～1250ごろ）：\frac{864}{275}=3.141818$$

　ピサのレオナルドの値は、小数点以下第3位まで正確です。その後、中世ヨーロッパには、バビロニアの$\frac{25}{8}$、エ

ジプトの $4 \times \left(\dfrac{8}{9} \right)^2$ などの古い円周率の近似値が再度、現れました。

　ヨーロッパ中世の近似値はレベルが低いというか、誤解も多く、近似値を実際の値と思い込む場合もありました。たとえば、ドイツの神学者で哲学者でもあったザクセンのアルベルト（1320 ごろ〜1390）は、

$$\dfrac{22}{7}$$

を真の円周率の値と思い込んでいたといわれています。

　やはりドイツの神学者・哲学者だったニコラス・クザヌス（1401〜1464）は、正多角形と円の差が大きいことに気づきました。その方法はやがて、オランダの天文学者・数学者のスネリウス（ヴィレブロルト・スネル、1580〜1626）と、同じくオランダの数学者・物理学者であったクリスティアーン・ホイヘンス（1629〜1695）へと伝わりました。

●コペルニクスとケプラーの貢献

　ザクセンのアルベルトやニコラス・クザヌスより少し後に登場したニコラウス・コペルニクス（1473〜1543）とヨハネス・ケプラー（1571〜1630）は、ともに有名な天文学者です。

　地動説を唱えたことで知られるコペルニクスは、アラビアの天文学者の成果を学んでいました。月の運行に関する結果を、やはりアラビアの天文学者から学んでいた形跡もあります。

コペルニクスは科学者であるだけでなく、万能の天才でした。彼は経済についての本も書いており、同書中には、世界で初めてとされる「悪貨は良貨を駆逐する」というグレシャムの法則についての記述も含まれています。

　一方のケプラーは、惑星の運動に関する法則である「ケプラーの法則」で知られています。

　コペルニクスとケプラーは天文学者ですから、当然、三角関数を使っていました。二人は三角関数の精緻な数表をつくり、ビュルギやネイピアの対数を広めて、機能的な計算ができるような土壌を耕したのです。

　先にも登場したネイピア（1550〜1617）はスコットランド人です。当時の農民がかけ算を不得意にしていたのを見て、「ネイピアの骨」とよばれる計算道具をつくって手助けしました。ビュルギ（1552〜1632）はスイス人で、時計の技術者でした。

　対数の発見自体は、ネイピアよりもビュルギのほうが早かったのですが、本として出版したのはネイピアが先でした。そのため、ネイピアが対数をつくったといわれ、自然対数の底はネイピア数とよばれています。

　なお、イギリスの数学者であるウィリアム・オートレッド（1574〜1660）も、対数の発見に貢献があったことで知られています。オートレッドはまた、かけ算の記号である「×」や、三角関数の表記法である「sin」や「cos」の考案者としても有名です。

●代数学の父

　図2−6に、その他の数学者たちを掲載しました。

レオナルド・ダ・ヴィンチ	1452 ~ 1519	手稿の中にバビロニアの円周率$3\frac{1}{8}$がある
ジェロラモ・カルダーノ	1501 ~ 1576	
アルブレヒト・デューラー	1471 ~ 1528	
フランソワ・ヴィエト	1540 ~ 1603	ヴィエトの公式の収束の証明は、1891年のルディオによる
スネリウス〔スネル〕	1580 ~ 1626	
クリスティアーン・ホイヘンス	1629 ~ 1695	
ジョン・ウォリス（微分・積分前夜）	1616 ~ 1703	無限乗積
ウィリアム・ブラウンカー	1620 ~ 1684	英国王立協会初代総裁
ジェームズ・グレゴリー	1638 ~ 1675	グレゴリー級数、arctanの級数展開

図2-6　中世ヨーロッパの数学の進展に貢献した数学者たち

「代数学の父」とよばれるフランスの数学者フランソワ・ヴィエト（1540～1603）によるヴィエトの式は、収束は速くありませんが、解析的に計算できる式を円周率に与えたという点に大きな価値があります。円周率の近似値はやはり、正多角形で求めています。彼は9桁まで計算しましたが、実際には正六角形を2^{16}倍した正多角形を使用して計算していました。ヴィエトの解析的な方法については、のちほどあらためて解説します。

　オランダのアドリアン・アンソニスゾーン（1523～1607）は、6桁まで正しい分数

$$\frac{355}{113}$$

を求めました。

　ヴィエトが9桁まで計算したのは1593年でしたが、同じ年に、オランダのアドリアン・ファン・ローマン（1561〜1615）が正 2^{30} 角形を使って15桁まで計算しています。

　オランダ人の業績がさらに続きます。ルドルフ・ファン・ケーレン（1540〜1610）は、

$$60 \times 2^{29}$$

の辺をもつ正多角形を使って、20桁まで計算しています。60を用いているのは、60進法の名残があるのかもしれません。ルドルフの妻がその3年後に出版した本には32桁まで、その後、さらに3桁先まで計算していたと、スネリウスが1621年に書いた論文に記しています。ドイツ人はこの結果に敬意を払って、円周率を「ルドルフの数」ともよびました。

　これから後は、強力な計算手段を手にした人たちが、どんどん桁数を伸ばしていきます。もちろん、微分・積分を用いた展開を使っていますが、いまだ微分積分学の黎明期だったため、現在のように自由に展開や積分の公式を使うことはできませんでした。

　その努力はなお、大変なものだったのです。ともにイングランドの数学者であったジョン・ウォリス（1616〜1703）やウィリアム・ブラウンカー（1620〜1684）の成果は、そのなかから生まれました。

2-5 正多角形は近似が悪い

●スネリウスが描いた図形

　アルキメデスの後継者が失われたことで、中世ヨーロッパにおける円周率の近似はなかなか進展しませんでした。そういった状況のなかで、クサのニコラスとよばれる枢機卿が面白い結果を得ています。

　一般にはニコラス・クザヌス（1401～1464）の名で知られる彼はドイツの生まれですが、その活躍の多くはローマでなされました。当時は地名でよばれることが多い時代で、クザヌスは、モーゼル河畔のクサのラテン語名です。

　ニコラス・クザヌスの方法は、1621年にオランダのスネリウスがアルキメデスの方法を改良した方法と同じでした。スネリウスの方法が正しいことは、ホイヘンスによって1654年に証明されています。

　ここでは、スネリウスが描いた図形を考えてみましょう（図2-7）。この方法のよいところは、正多角形の一辺の長さが、円弧のそれほどよい近似にはなってはいないということを補える点です。つまり、アルキメデスの方法を使った場合、正何万角形という、頂点の数が膨大な図形を使わなければ、よい近似が得られないのです。よりよい近似を求めた探求者たちが、とてつもない正多角形を使っていたのは、前節でも紹介しました。

　スネリウスの方法を現代的に説明してみましょう。

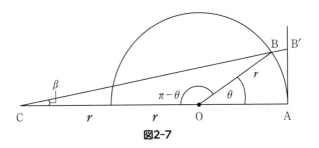

図2-7

直角三角形 ACB′ で

$$\tan\beta = \frac{AB'}{3r}$$

$$AB' = 3r\tan\beta \tag{1}$$

三角形 OCB に正弦定理を使って、

$$\frac{r}{\sin\beta} = \frac{CB}{\sin(\pi-\theta)} = \frac{CB}{\sin\theta}$$

$$\sin\beta = \sin\theta \times \frac{r}{CB}$$

CB^2 に余弦定理を使って、

$$CB^2 = 4r^2 + r^2 - 2 \times 2r \times r\cos(\pi-\theta)$$
$$= 5r^2 + 4r^2\cos\theta$$

$$CB = r\sqrt{5 + 4\cos\theta}$$

三角形 OCB で sin を考えると、

$$\sin\beta = \frac{r\sin\theta}{\mathrm{CB}}$$
$$= \frac{r\sin\theta}{r\sqrt{5+4\cos\theta}}$$
$$= \frac{\sin\theta}{\sqrt{5+4\cos\theta}} \qquad (2)$$

(1)、(2)を使って

$$\mathrm{AB'} = 3r\tan\beta = 3r\frac{\sin\beta}{\cos\beta}$$
$$= 3r\frac{\sin\theta}{\sqrt{5+4\cos\theta}\,\cos\beta} \qquad (3)$$

三角形 AOB と三角形 ACB で、AB^2 に余弦定理を使って 2 通りに表すと、

$$\mathrm{AB}^2 = r^2 + r^2 - 2\times r\times r\cos\theta = 2r^2 - 2r^2\cos\theta$$
$$\mathrm{AB}^2 = (3r)^2 + \mathrm{CB}^2 - 2\times 3r\times \mathrm{CB}\cos\beta$$
$$= 9r^2 + r^2(5+4\cos\theta) - 6r^2\sqrt{5+4\cos\theta}\,\cos\beta$$
$$2r^2 - 2r^2\cos\theta = 14r^2 + 4r^2\cos\theta - 6r^2\sqrt{5+4\cos\theta}\,\cos\beta$$
$$12r^2 + 6r^2\cos\theta - 6r^2\sqrt{5+4\cos\theta}\,\cos\beta = 0$$
$$6r^2\sqrt{5+4\cos\theta}\,\cos\beta = 6r^2(2+\cos\theta)$$
$$\cos\beta = \frac{2+\cos\theta}{\sqrt{5+4\cos\theta}}$$

(3) より、

$$AB' = 3r\tan\beta = 3r\frac{\sin\beta}{\cos\beta}$$

$$= 3r\frac{\sin\theta}{\sqrt{5+4\cos\theta}}\cos\beta$$

$$= 3r\frac{\sin\theta}{\sqrt{5+4\cos\theta}}\frac{2+\cos\theta}{\sqrt{5+4\cos\theta}}$$

$$= \frac{3r\sin\theta}{2+\cos\theta}$$

この式を弧の長さ $\overset{\frown}{\mathrm{AB}} = r\theta$ に等しいとすれば、

$$\theta \approx \frac{3\sin\theta}{2+\cos\theta}$$

θ をラジアンで表して π を含む角度を考えれば、この式から π の近似値が求められます。

なお、ラジアンは「弧度」ともいい、ある円周上で、その円の半径と同じ長さの弧を考えた場合に、その弧の両端と円の中心を結ぶ 2 本の半径が成す角の大きさを 1 とする角の測り方のことです。

オランダのライデン大学の数学教授をしていたスネリウスは、独自の方法を使っていました。アルキメデスの方法を使っていたルドルフ・ファン・ケーレンよりも、少ない手順で求めています。

2-6 ヴィエトの計算

●「倍角の公式」と「半角の公式」

　ヴィエトは正方形から計算をはじめていますが、基本的にはアルキメデスの方法と同じです。しかし、現代的にいうと半角の公式を繰り返し使って、極限で π の値に近づく式をつくっています。

　これは、同じ構造の式に値を代入して新しい近似値を求める方法でした。ヴィエトの式を使えば、途中で計算を止めないかぎり、どこまでも π の値に近づいていきます。

　ヴィエトは正方形からはじめて辺の数を増やしていきました。後で使いやすくするため、正 n 角形から始めましょう。正 n 角形と2倍の数の辺をもつ正 $2n$ 角形の面積を比較します。辺の数を増やせば増やすほど、正 n 角形の面積は円の面積に近づいていきます。

　正 n 角形の面積を $S(n)$ で表します。図2-8に示すように、正 n 角形の頂点 A，B と外接円の中心 O を結びます。

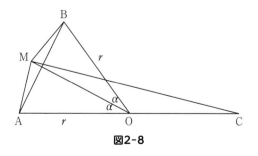

図2-8

できた角を 2α とします。

辺の数（頂点の数）を 2 倍にすると、正 $2n$ 角形ができます。その面積は $S(2n)$ で表されます。

図 2 - 8 で、三角形 OAB の面積は

$$\triangle\text{OAB} = \frac{1}{2} \times r \times r \times \sin 2\alpha = \frac{1}{2} r^2 \sin 2\alpha$$

です。三角形の面積の公式、

$$\frac{1}{2} \times 2辺の長さの積 \times あいだの角の \sin$$

から求めることができます。正 n 角形にはこの三角形が n 個あるので、n 倍すれば $S(n)$ を求めることができます。ここで、三角関数の加法定理から導かれる「倍角の公式」と「半角の公式」を繰り返し使っていきますので、二つの公式をまとめておきます。

倍角の公式： $\sin 2\theta = 2\sin\theta\cos\theta$

半角の公式： $\cos^2\dfrac{\theta}{2} = \dfrac{1}{2}(1 + \cos\theta) = \dfrac{1}{2} + \dfrac{1}{2}\cos\theta$

● ヴィエトの式

正 n 角形の面積 $S(n)$ は、

$$\begin{aligned}
S(n) &= \triangle \text{OAB} \times n \\
&= \left(\frac{1}{2} r^2 \sin 2\alpha \right) \times n \qquad &(1) \\
&= \frac{1}{2} n r^2 \sin 2\alpha \\
&= \frac{1}{2} n r^2 \times 2 \sin \alpha \cos \alpha \\
&= n r^2 \sin \alpha \cos \alpha \qquad &(2)
\end{aligned}$$

です。

　次に考えるのは、辺の数を 2 倍にした正 $2n$ 角形の面積です。こんどは中心角が α なので、正 $2n$ 角形の面積 $S(2n)$ は (1) の 2α を α にすれば求められます。

$$S(2n) = \left(\frac{1}{2} r^2 \sin \alpha \right) \times 2n = n r^2 \sin \alpha \qquad (3)$$

　$S(n)$ と $S(2n)$ の比を考えましょう。(2) と (3) の比を考えると、

$$\frac{S(n)}{S(2n)} = \frac{n r^2 \sin \alpha \cos \alpha}{n r^2 \sin \alpha} = \cos \alpha \qquad (4)$$

となります。正 n 角形と正 $2n$ 角形の面積比は $\cos \alpha$ で、これは正 $2n$ 角形の中心角の $\cos$ です。さらに、辺の数を 2 倍した正 $(2^2 n)$ 角形を考えて、この面積 $S(2^2 n)$ を求めます。

　こんどは $S(n)$ と $S(2^2 n)$ の比を求めていきますが、途中で $S(2n)$ と $S(2^2 n)$ との比を使います。これは (4) と同様に考えて、$S(2^2 n)$ の中心角の $\cos$ になります。正 $2^2 n$ 角形の中心角は $\frac{\alpha}{2}$ なので、倍角の公式：$\sin \alpha = 2 \sin \frac{\alpha}{2} \cos \frac{\alpha}{2}$

により、$S(2n)$ と $S(2^2 n)$ との比は、

$$\frac{S(2n)}{S(2^2 n)} = \frac{nr^2 \sin\alpha}{2nr^2 \sin\frac{\alpha}{2}} = \frac{\sin\frac{\alpha}{2}\cos\frac{\alpha}{2}}{\sin\frac{\alpha}{2}} = \cos\frac{\alpha}{2} \qquad (5)$$

となります。

　次に $S(n)$ と $S(2^2 n)$ の比を求めましょう。いったん $S(2n)$ をかけて、$S(2n)$ で割ります。数学では、この方法をよく使います。上で計算した (4) と (5) を使って、

$$\frac{S(n)}{S(2^2 n)} = \frac{S(n)}{S(2n)} \times \frac{S(2n)}{S(2^2 n)} = \cos\alpha\cos\frac{\alpha}{2} \qquad (6)$$

が得られます。

　つまり、辺の数を続けて 2 倍すると、正多角形の中心角は続けて $\frac{1}{2}$ ずつに減っていきます。半分、さらにその半分、……と減っていくわけです。これを使って、$2^2 n, 2^3 n, 2^4 n, 2^5 n,$ …, $2^k n$ に対して (6) 式を続けてつくっていくと、

$$\frac{S(n)}{S(2^k n)} = \frac{S(n)}{S(2n)} \times \frac{S(2n)}{S(2^2 n)} \times \frac{S(2^2 n)}{S(2^3 n)} \times \cdots \times \frac{S(2^{k-1} n)}{S(2^k n)}$$
$$= \cos\alpha\cos\frac{\alpha}{2}\cos\frac{\alpha}{2^2}\cdots\cos\frac{\alpha}{2^{k-1}} \qquad (7)$$

となります。

　いま考えているのは、基本的に鋭角三角形の面積なので、三角関数の値はすべて正の数と考えてかまいません。そこ

で、半角の公式を三角関数が正の値の場合に適用して、

半角の公式: $\cos^2\dfrac{\theta}{2}=\dfrac{1}{2}(1+\cos\theta)=\dfrac{1}{2}+\dfrac{1}{2}\cos\theta$

から、

$$\cos\dfrac{\theta}{2}=\sqrt{\dfrac{1}{2}+\dfrac{1}{2}\cos\theta}$$

を求め、これを繰り返し使っていきます。

$$\cos\dfrac{\alpha}{2}=\sqrt{\dfrac{1}{2}+\dfrac{1}{2}\cos\alpha}$$

$$\cos^2\dfrac{\alpha}{2^2}=\dfrac{1}{2}+\dfrac{1}{2}\cos\dfrac{\alpha}{2}=\dfrac{1}{2}+\dfrac{1}{2}\sqrt{\dfrac{1}{2}+\dfrac{1}{2}\cos\alpha}$$

$$\therefore\ \cos\dfrac{\alpha}{2^2}=\sqrt{\dfrac{1}{2}+\dfrac{1}{2}\sqrt{\dfrac{1}{2}+\dfrac{1}{2}\cos\alpha}}$$

ヴィエトの方法は出発点が正方形なので、$n=4$ で $2\alpha=90°$（ラジアンでは $\dfrac{\pi}{2}$）ですから、$\alpha=45°$（$=\dfrac{\pi}{4}$）です。

$$\cos\alpha=\cos\dfrac{\pi}{4}=\sqrt{\dfrac{1}{2}}$$

$$\cos\dfrac{\alpha}{2}=\sqrt{\dfrac{1}{2}+\dfrac{1}{2}\cos\alpha}=\sqrt{\dfrac{1}{2}+\dfrac{1}{2}\sqrt{\dfrac{1}{2}}}$$

$$\cos\dfrac{\alpha}{2^2}=\sqrt{\dfrac{1}{2}+\dfrac{1}{2}\sqrt{\dfrac{1}{2}+\dfrac{1}{2}\cos\alpha}}$$

$$=\sqrt{\dfrac{1}{2}+\dfrac{1}{2}\sqrt{\dfrac{1}{2}+\dfrac{1}{2}\sqrt{\dfrac{1}{2}}}}$$

もう一つ先も計算してみましょう。

$$\cos^2 \frac{\alpha}{2^3} = \frac{1}{2} + \frac{1}{2} \cos \frac{\alpha}{2^2}$$

$$= \frac{1}{2} + \frac{1}{2} \sqrt{\frac{1}{2} + \frac{1}{2} \cos \frac{\alpha}{2}}$$

$$= \frac{1}{2} + \frac{1}{2} \sqrt{\frac{1}{2} + \frac{1}{2} \sqrt{\frac{1}{2} + \frac{1}{2} \cos \alpha}}$$

$$= \frac{1}{2} + \frac{1}{2} \sqrt{\frac{1}{2} + \frac{1}{2} \sqrt{\frac{1}{2} + \frac{1}{2} \sqrt{\frac{1}{2}}}}$$

$$\cos \frac{\alpha}{2^3} = \sqrt{\frac{1}{2} + \frac{1}{2} \sqrt{\frac{1}{2} + \frac{1}{2} \sqrt{\frac{1}{2} + \frac{1}{2} \sqrt{\frac{1}{2}}}}}$$

ここで、(7) 式に戻ってみます。分数 $\dfrac{S(n)}{S(2^k n)}$ を見てみると、分子は最初の正方形と考えて $n = 4$ です。ここでは中心角を使って、正 n 角形の面積を表しています。そこで、

$$S(n) = \frac{1}{2} nr^2 \sin \frac{\pi}{2} = \frac{1}{2} \times 4 \times r^2 \times 1 = 2r^2$$

と表しておきます。面積を考えると、分母の $S(2^k n)$ は k を無限大にもっていくとき、半径 r の円の面積に近づくと考えられます。つまり、k を無限大に近づけて、(7) の右辺も中心角を次々と半分にしていったと考えます。

この考え方で、(7) 式から次の式が求められます。

$$\frac{S(n)}{S(2^k n)} = \cos\alpha \cos\frac{\alpha}{2} \cos\frac{\alpha}{2^2} \cdots \cos\frac{\alpha}{2^{k-1}} \qquad (7)$$

$$\frac{2r^2}{\pi r^2} = \cos\alpha \cos\frac{\alpha}{2} \cos\frac{\alpha}{2^2} \cdots \cos\frac{\alpha}{2^k} \cdots$$

$$\pi = \frac{2}{\cos\alpha \cos\dfrac{\alpha}{2} \cos\dfrac{\alpha}{2^2} \cdots \cos\dfrac{\alpha}{2^k} \cdots}$$

この式に、半角の公式で求めた cos の式を代入すると、

$$\pi = \frac{2}{\sqrt{\frac{1}{2}}\sqrt{\frac{1}{2}+\frac{1}{2}\sqrt{\frac{1}{2}}}\sqrt{\frac{1}{2}+\frac{1}{2}\sqrt{\frac{1}{2}+\frac{1}{2}\sqrt{\frac{1}{2}}}}\sqrt{\frac{1}{2}+\frac{1}{2}\sqrt{\frac{1}{2}+\frac{1}{2}\sqrt{\frac{1}{2}+\frac{1}{2}\sqrt{\frac{1}{2}}}}}\cdots}$$

となります。

この式が、π の近似値を求めるヴィエトの式です。

●ヴィエトの斬新な発想

ヴィエトの時代にはもちろん、上記のようにきれいに表現された式が存在していたわけではありません。彼が生きたのは、ようやく 10 進法の小数点以下の表現ができるようになった時代でした。円周率を π という文字で表すことも、まだしていません。

一般の数を a のような文字を使って表すことが、やっとできるようになった時代でした。このような表記法を最初につくり出したのがヴィエトなのです。

文字を使って数を表すことは、数学の表記方法に革命を起

こしました。たとえば、現在の私たちが学校で習う2次方
程式は、

$$ax^2 + bx + c = 0$$

というたった一つの式で、すべての2次方程式を表すこと
ができます。a や b や c がどんな数でも表すことができるた
め、この一つの表現であらゆる2次方程式を表すことができ
きるのです。

　このような表記が登場する以前には、x もなければ、a や
b や c の使い方もありませんでした。すべての方程式は、た
とえば「1.23」のような実際の数を使って、文章で表してい
たのです。ただし、そのような時代にあっても、優れた数学
者たちはそれぞれ、自分独自の記号を開発し、用いていまし
た。

　文字を使って数を表すというヴィエトの斬新な発想は、数
学を飛躍的に進歩させました。表記法が整備されると、学問
も進歩します。正確に表現できるということは、意味をはっ
きりさせ、あいまいさを排除することができるからです。用
いられる用語の整備も進みました。

　ヴィエトの業績は、円周率の計算に対する貢献のみなら
ず、現代数学の基礎をつくってくれたことにあると考えてよ
いでしょう。

●ヴィエトの式の画期性

　円周率に話を戻します。

　ヴィエトの式を使えば、理論的には π の近似値をいくら
でも正確に求めることができます。アルキメデスの方法を繰

り返し使うことでも、π の近似値をいくらでも正確に計算できますが、これは同じ方法の繰り返しで精度を上げることを意味しています。

　ヴィエトの場合は、一つの式をどこまで使うかで、精度を上げることになります。このような表現を π に対してつくったのはヴィエトが最初です。微分積分学も数学の進歩に本質的な重要性をもちますが、ヴィエトのような表記法やどこまでも計算ができる式をつくる、それも史上初めて構築したという点では、微分・積分をつくるのと同じくらい、数学の進歩に貢献したといえるでしょう。

　ヴィエトの結果は素晴らしく、独自性のある成果です。ただし、この式は正確な π の値に近づくのがものすごく遅いので、実際に計算する際に用いるのはお勧めしません。収束が速い円周率の近似値を求める式をつくるには、微分積分学の登場を待つ必要がありました。

2-7 「微分・積分」前夜

●「微分・積分」誕生の立役者たち

　いまでは高校の授業でも、微分・積分の公式を使って近似値を求めることがあります。微分積分学が構築されはじめたことで、π の近似計算はさらなる発展を遂げていくことになりますが、話はそう単純ではありません。微分・積分の黎明期に生きた人たちは、現在の私たちのように機能的に微分・積分の公式を使うことはできませんでした。

　微分・積分の誕生というと、アイザック・ニュートン（1642〜1727）とゴットフリート・ライプニッツ（1646〜1716）がつくったようにいわれがちです。

　しかし、このように壮大な方法が、たった二人だけの手でつくられたということはありえません。ルネサンス期の哲学者としてその名を知ることが多いルネ・デカルト（1596〜1650）やブレーズ・パスカル（1623〜1662）もまた、微分・積分の公式を研究していました。ピエール・ド・フェルマー（1601〜1665）も、整数論の定理だけでなく、微分・積分についての研究をしています。

　イタリアでは、ガリレオの孫弟子にあたるトリチェリが、微分と積分は逆の計算だということに気づいていました。第3章で触れるカヴァリエーリにも貢献があり、面積の公式にその名を残しています。

　フェルマーとパスカルが扱った数学的帰納法も、重要な役割を果たしています。自然を表現するさまざまな方法が、科

学においても芸術においても花開いた時代だったのです。

　フランスでは、いま挙げたブレーズ・パスカルに加え、彼の父であるエチエンヌ・パスカル（1588〜1651）もデカルトと微分・積分について議論していました。イギリスでは、ニュートンやライプニッツとほぼ同時代に、前述のウォリスとブラウンカーに加え、スコットランドのジェームズ・グレゴリー（1638〜1675）らの貢献があります。彼ら3人は、無限に続く式でπを表現しました。

　デカルトとフェルマー、ニュートンとライプニッツのあいだの時代に数学がさかんだったのは、イギリスと北海に近い北ヨーロッパです。オランダはデカルトが20年間にわたって生活した地で、彼の影響を大きく受けました。ライデン大学には当時、優れた数学者が集まっています。

　円周率の優れた近似値を求めた学者がオランダに多かったように、デカルトの数学を受け入れる土壌があったと考えられています。そして、円周率の計算に特に優れた結果を残したのは、イギリスの学者たちでした。

●無限を恐れなかった数学者

　まずはウォリスの結果を見てみましょう。彼が使ったのは、

$$\int_0^1 \sqrt{x - x^2}\, dx$$

という積分です。この積分が何を表しているのかを最初に調べておきましょう。

$$y = \sqrt{x - x^2}$$

とおいて、両辺を2乗してみます。

$$y^2 = x - x^2 \quad \therefore x^2 - x + y^2 = 0$$

式を変形して、（ ）^{2} の形にすることを平方完成といいます。この式の x を含む部分を平方完成して円の方程式に直すと、

$$\left(x - \frac{1}{2}\right)^2 + y^2 = \frac{1}{4}$$

という方程式になります。この円は半径 $\frac{1}{2}$ で中心が $\left(\frac{1}{2}, 0\right)$ です。この上半分を積分しているので、大げさにいえばカヴァリエーリの原理（後述）より、半径 $\frac{1}{2}$ の円の面積の半分になります。つまり、先ほどの積分は $\frac{\pi}{8}$ となります。

　現在ならば高校生の演習問題レベルですが、微分・積分の黎明期にこの積分を計算するのはまだ無理でした。しかし、この積分の値が半円の面積で $\frac{\pi}{8}$ となることまでは、ウォリスは突き止めていました。そこで、ウォリスは、

$$\int_0^1 (x - x^2)^n \, dx$$

という積分を計算します。n にいろいろな正の整数値を入れて計算することにより、

$$\int_0^1 \left(x - x^2\right)^n dx = \frac{(n!)^2}{(2n+1)!}$$

と予想しました。

　これは完全な帰納法ではないので、現代的な数学的帰納法を使っていたフェルマーやパスカルから見れば厳密ではなく、フェルマーはかなりウォリスを非難していたようです。このことは、ときには厳密な展開より飛躍のある考え方のほうが、大きな理論をもたらしてくれるということを教えてくれる事実です。

　ウォリスはこの公式を正の整数値でつくりましたが、n を分数 $\frac{1}{2}$ のときに拡張して使います。それが結果としては正しいのです。

$$n = \frac{1}{2} \text{ とすれば} \int_0^1 \sqrt{x - x^2}\, dx = \frac{\left(\frac{1}{2}!\right)^2}{2!}$$

　$\frac{1}{2}!$ は高校では習いませんが、オイラーのベータ関数やガンマ関数を使うと計算することができます。ウォリスは上で求めた式から、

$$\frac{\pi}{8} = \frac{\left(\frac{1}{2}!\right)^2}{2!} \qquad \therefore \frac{1}{2}! = \frac{\sqrt{\pi}}{2}$$

というガンマ関数の特別な値を、オイラーより先に求めたこ

とになります。

　ウォリスの円周率についての結果は、基本的にはこの方法と同じ方法を

$$\int_0^1 \sqrt{1-x^2}\, dx$$

に対して使います。ウォリスは、これを無限級数展開する方法は知らなかったでしょう。

　この場合の展開は、二項定理を分数乗に拡張した式を使います。のちほど、ニュートンやライプニッツの方法（第3章第4節、第5節）で説明しますが、この一般化された二項定理をウォリスは使えなかったので、無限積で円周率を表すことになりました。

$$\frac{2}{\pi} = \frac{1 \cdot 3 \cdot 3 \cdot 5 \cdot 5 \cdot 7 \cdot \cdots}{2 \cdot 2 \cdot 4 \cdot 4 \cdot 6 \cdot 6 \cdot \cdots}$$

が、ウォリスの公式です。これをどこまでも続ければ、円周率をどこまでも正確に求めることができます。このように無限を使うことが微分・積分を発展させることになりました。ウォリスが「∞」の記号を初めて使ったという事実も、決して偶然ではないと考えられます。

●連分数で表すと

　1650年代から1660年代にかけては、円周率だけでなく、さまざまな数に対して、無限に続く計算方法での表現がつくられていきます。なかでも連分数表現は、それに先駆けるかたちでイタリアで使われていました。

　ピエトロ・アントニオ・カタルディ（1548〜1626）は、平方根の連分数表現を開発したことで知られています。まずは、彼の方法で連分数表現をつくってみましょう。

　たとえば、$\sqrt{2}$ を連分数にしてみます。はじめに、

$$x+1=\sqrt{2}$$

とおきます。両辺を2乗して

$$(x+1)^2=2 \quad \therefore x^2+2x+1=2$$
$$x^2+2x=1$$

両辺を x で割って

$$x+2=\frac{1}{x} \quad \therefore x=\frac{1}{x+2}=\frac{1}{2+x}$$

$$x=\frac{1}{2+x} \text{ を } x \text{ に代入すれば、}$$

$$x=\frac{1}{2+x}=\cfrac{1}{2+\cfrac{1}{2+x}}$$

●ブラウンカーの貢献

　17世紀も後半になると、連分数の研究にもかなりの蓄積ができました。特に、英国王立協会の初代総裁を務めたウィリアム・ブラウンカー卿の次の結果には、驚くべきものがあ

ります。ブラウンカーはアイルランド王国生まれで、オックスフォード大学で医学博士を取得しますが、数学者として有名です。自然対数の無限級数表現などもつくりました。

このブラウンカー卿は独自の方法で、ウォリスの無限積から円周率の連分数表現をつくり出しました。それが次の式です。

$$\frac{4}{\pi} = 1 + \cfrac{1^2}{2 + \cfrac{3^2}{2 + \cfrac{5^2}{2 + \cfrac{7^2}{2 + \cdots}}}}$$

連分数に慣れていない人もたくさんいらっしゃると思います。私もふだん、それほどひんぱんに使うわけではありません。

ここで、連分数についてまとめておきましょう。

連分数というのは、分数が入れ子のように続いている式です。一般的に表すと、

$$\alpha = a_0 + \cfrac{b_1}{a_1 + \cfrac{b_2}{a_2 + \cfrac{b_3}{a_3 + \cdots}}}$$

です。αが有理数（分母・分子ともに整数の分数）の場合は、この操作が有限回で終わります。

αが先ほどの $\sqrt{2}$ のような無理数の場合には、この操作は

無限に続きます。この操作を途中で止めると、無理数の有理数近似がつくれることになります。

　現在では、大学でもあまり教えない連分数表現ですが、無理数の有理数近似をつくるためにはなかなか有効な方法なのです。

第3章

円周率の"真値"に迫る
最強の武器
——「微分・積分」の誕生

3.14

15926535897932384626433832795028841971693993751058209749445923078164062862089986280348253421170679821480865132823066470938446095505822317253594081284811174502841027019385211055596446229489549303819644288109756659334461284756482337867831652712019091456485669234603486104545326648213393607260249141273724587006606315588174881520920962829254091715364367892590360011330530548820466521384146951941511609433057270365759591953092186117381932611793105118548074462379962749567351885752724891227938183011949129833673362440656643086021394946395224737190702179860943702770539217176293176752384674818467669405132000568127145263560827785771342757789609173637178721468440901224953430146549585371050792279689258923542019956112129021960864034418159813629774771309960518707211349999998372978049951059731732816096318595024459455346908302642522308253344685035261931188171010003137838752886587533208381420617177669147303598253490428755468731159562863882353787593751957781857780532171226806613001927876611195909216420198938095257201065485863278865936153381827968230301952035301852968995773622599413891249721775283479131515574857242454150695950829533116861727855889075098381754637464939319255060400927701671139009848824012858361603563707660104710181942955596198946767837449448255379774726847104047534646208046684259069491293313677028989152104752162056966024058038150193511253382430035587640247496473263914199272604269922796782354781636009341721641219924586315030286182974555706749838505494588586926995690927210797509302955321165344987202755960236480665499119881834797753566369807426542527862551818417574672890977772793800081647060016145249192173217214772350141441973568548161361157352552133475741849468438523323907394143334547762416862518983569485562099219222184272550254256887671790494601653466804988627232791786085784383827967976681454100953883786360950680064225125205117392984896084128488626945604241965285022210661186306744278622039194945047123

3-1 無限級数

● 大切な約束事

前章の末尾で、「無限級数」という言葉が登場しました。無限級数とはなんでしょうか?

無限級数というのは、次のように数値を「+」でつなげた式のことです。

$$S = a_0 + a_1 + a_2 + a_3 + \cdots + a_n + \cdots$$

わざわざ「+でつなげた」と書いた理由は、無限級数の計算方法には、ある約束事があるからです。上記の式の、どこでも好きなところから足していいわけではなく、前から順序よく、順々に足していかなければいけない、という約束事です。

まず、先頭の項から第 n 項までの和、

$$S_n = a_0 + a_1 + a_2 + a_3 + \cdots + a_n$$

を考えます。0から n までを足しているので $n + 1$ 個の和ですが、ここでは「第 n 部分和」とよんでおきましょう。

この第 n 部分和 S_n を数列と考えて、この数列がある有限の値に収束するとき、無限級数は収束するといい、収束先の極限を「無限級数の和 S」とよびます。一方、この数列が有限の値に収束しないとき、無限級数は発散するといいます。

無限級数を計算するときは、たとえば各項を一つおきに足したり、奇数番目までの和だけを考えて級数の和としたりす

ることはご法度です。必ず前から順序よく、順々に足していかなければいけません。

　無限級数のなかで特によく使うのは、各項が等比数列になっている無限等比級数です。等比数列とは、

$$a_{n+1} = ra_n$$

と示されるように、前の項に、ある一定の数をかけて次の項をつくる数列です。前項にかける一定の数 r をこの数列の「公比」とよび、数列の最初の項を「初項」とよびます。高校数学の教科書では初項を $n = 1$ にしますが、無限級数を考えるときには初項を $n = 0$ から始めることも多くあります。そのときは、a_0 が初項になります。

　無限等比級数の場合の第 n 部分和 S_n は、次のように求めることができます。

$$S = a + ar + ar^2 + ar^3 + \cdots + ar^n + \cdots$$

$$S_n = a + ar + ar^2 + ar^3 + \cdots + ar^n \tag{1}$$

　両辺に公比 r をかけて、

$$rS_n = ar + ar^2 + ar^3 + ar^4 + \cdots + ar^n + ar^{n+1} \tag{2}$$

（1）から（2）を引いて、

$$(1-r)S_n = a - ar^{n+1}$$

$$\therefore\ S_n = \frac{a(1-r^{n+1})}{1-r},\ \ r \neq 1 \tag{3}$$

　ここで n を無限大にすると、無限等比級数の和 S が求め

られます。そして、分子の r^{n+1} が収束するとき、S_n も収束します。S_n が収束すれば、その極限が無限等比級数の和 S になります。

　一方、S_n が発散する場合には、無限等比級数は発散します。このような性質は一般の無限級数でも同様ですが、本書で用いるのはおもに無限等比級数なので、無限等比級数の話を中心に説明しました。

●何世紀も忘れ去られていた証明

　S_n が収束するためには、（3）式の r^{n+1} が、n を無限大にしたときに収束していないといけません。$r \neq 1$ なので、r^{n+1} が収束するのは $-1 < r < 1$ のときで、そのとき r^{n+1} は 0 に収束します。つまり、無限等比級数が収束するのは、$a \neq 0$ のときは

$$-1 < r < 1 \text{ のとき } S = \frac{a}{1-r}$$

となります。ニュートンもライプニッツも、この無限等比級数展開を積分に使って、π の計算をしました。

　無限級数が収束するか発散するかに関しては、微分積分学が整備される少し前から研究されていました。たとえば、高校の教科書でも習う調和級数

$$1 + \frac{1}{2} + \frac{1}{3} + \frac{1}{4} + \frac{1}{5} + \cdots$$

が発散することを証明したのは、フランスの哲学者で天文や数学にも貢献したニコル・オレーム（1323 ごろ～1382）で

す。しかし、彼の結果は何世紀にもわたって世間に知られることなく、忘れ去られていました。

●オレームの証明の利点

　天才一族の一員として有名なスイスの数学者、ヨハン・ベルヌーイ（1667〜1748）も自身で証明していることが知られていますが、オレームの証明は、現在ではどの数学の教科書にも載っているように明快でわかりやすいものでした。彼の証明は、無限級数の項が無限に存在するということがわかると、ちょっとした工夫で完成します。そのちょっとした工夫とは、

$$\frac{1}{3}+\frac{1}{4}>\frac{1}{2}$$
$$\frac{1}{5}+\frac{1}{6}+\frac{1}{7}+\frac{1}{8}>\frac{1}{2}$$
$$\frac{1}{9}+\frac{1}{10}+\frac{1}{11}+\frac{1}{12}+\frac{1}{13}+\frac{1}{14}+\frac{1}{15}+\frac{1}{16}>\frac{1}{2}$$

のように、調和級数の項を2項分、次の4項分、さらに8項分と順番に組み合わせていくと、すべて $\frac{1}{2}$ より大きくなるという操作です。無限級数の項は、文字どおり無限にありますから、項をまとめてそれぞれを $\frac{1}{2}$ で置き換えると、

$\frac{1}{2}$ が無限に足されることになり、元の調和級数は無限へと発散します。

このように、調和級数は無限に発散しますが、調和級数の各項を2乗した場合には、π に関係した値に収束するという面白い事実がわかっています。

3-2 微分の話

●微分・積分の重要性

　高校時代、微分・積分の壁に突き当たって、数学嫌いになったという人は多いようです。π にはなんとなく興味をもてるけど、微分・積分はちょっと……、という人も少なくないと思います。

　しかし、π の話をするときには、どうしても微分・積分を避けては通れません。

　じつは微分・積分は、数学嫌いで文系の道を選んだ人でも、意外に無縁ではいられません。たとえば、会社に入って数字の処理をしたり、資料づくりに Excel などの表計算ソフトを使ったりしているときには、微分・積分を使った数値の処理をしているからです。

　統計処理にも、微分・積分を使います。ビジネス上の重要な決断を下す必要があるような場面で、ある特定の統計処理を適用してよいかどうかを判断しなければならない状況に出会うこともあるでしょう。何にでも使える万能の道具などありませんから、正確に把握していない統計処理を用いて、今後の事業のあり方を決めるなんて、じつに恐ろしいことです。

　実際に、統計の基本は正規分布なので、そこから外れたデータに使うときには、注意を期さないといけませんが、そのようなときにも、微分・積分の知識が求められることが多々あります。この本を手に取ってくださっている方には、微

分・積分の基礎やその具体的な使い方を理解するところまではいかなくても、円周率の値を追求する過程で、その雰囲気を感じとっていただければと思います。雰囲気をつかんでいれば、必ず仕事や実社会でも役に立ちます。

●微分・積分と円周率の深い関係

じつは、微分・積分は、πの性質よりずっとわかりやすいのです。後で出てくるように、πは無理数であるというだけでなく、超越数という数でもあります。この点を理解するためには、微分・積分の雰囲気をつかむことが必要になってきます。

この本では、できるだけやさしく微分・積分の解説をしていきます。微分・積分は食わず嫌いをしなければ、数学のなかでも理解しやすい考え方の一つですので、安心して読み進めてください。

それでは、円周率との関わりのなかで、どうして微分・積分を避けて通れないのでしょうか？

その理由は、アルキメデスの方法を超えるために、どうしても微分・積分の知識が必要になるからです。前章で紹介したように、ヴィエトは連続した式を用いてπの近似値を求めました。これは、基本的にはアルキメデスの方法と同じものです。無限に続けることで、ヴィエトの式はいくらでも正確なπの近似値を求めることができ、しかも一つの式でこれが可能という点で優れています。従来のアルキメデスの方法では、辺の数を倍にしたときに、数を入れ替えて計算し直さないとならなかったからです。

微分・積分を使うと、ヴィエトの式と同じように、いくら

でも正確な π の近似値に近づく式を求めることができます。その際に用いるのは、中学や高校で習う「多項式」です。普通に使う x^n の形の式を足したり引いたり、普通の数をかけたりしたものです。

　計算するといっても、私たち人間には「四則演算」しかできません。足す、引く、かける、割る、この4通りの操作しかできないのです。

　微分を使えば、三角関数は x^n の形の式で表せます。三角関数を x^n の形の式で表しておくと、円周率と三角関数は関係が深いので、「円周率も x^n の形の式で表す」ことができるのです。

●「微分する」とはどういうことか

　ニュートンやライプニッツによって微分積分学が整備されると、円周率の計算は本質的にアルキメデスの方法を離れ、飛躍することになりました。

　まずは、やさしい微分の話から始めましょう。

　点 $A(a_1,\ a_2)$ を通り、傾き m の直線の方程式は次のようです。

$$y - a_2 = m(x - a_1)$$

　図3-1に示すように、2点 $A(a_1,\ a_2)$ と $B(b_1,\ b_2)$ を通る直線の方程式の傾きは、

$$\frac{b_2 - a_2}{b_1 - a_1}$$

なので、点 A を通ることから、直線 AB の方程式は

$$y - a_2 = \frac{b_2 - a_2}{b_1 - a_1}(x - a_1)$$

となります。

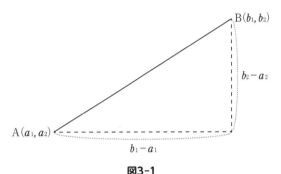

図3-1

　また、直線に限らず一般に関数 $y = f(x)$ の $x = a$ から $x = b$ までの平均変化率は、2点 A$(a, f(a))$ と B$(b, f(b))$ を結んだ線分の傾きとなるので、

$$\frac{f(b) - f(a)}{b - a}$$

で示されます。

　平均変化率がわかると、A$(a, f(a))$ における曲線 $y = f(x)$ の接線の傾きは、b を a に近づけたときに「平均変化率が何に近づくか」を考えると求められます。接線の傾きを $f'(x)$ と書いて、$f(x)$ の「導関数」とよびます。$f'(x)$ の x に実際の値を入れると、その点における $y = f(x)$ の接線の傾きを求めることができます。たとえば、$x = a$ における接線の傾

きは次のとおりです。

$$f'(a) = \lim_{b \to a} \frac{f(b) - f(a)}{b - a}$$

a を選ぶと特別な点に見えるので、変数 x を使って次のように書くこともできます。

$$f'(x) = \lim_{h \to 0} \frac{f(x + h) - f(x)}{h}$$

ここに登場した記号 $\lim_{h \to 0}$ 式が、h を限りなく 0 に近づけたときに、後ろに続く式の値がどこに近づくかということを表しています。これを「極限」といいます。

導関数 $f'(x)$ を使って、$x = a$ における接線の方程式を書くと次のようになります。

$$y - f(a) = f'(a)(x - a)$$

接線の傾きを求めることを「微分する」といいます。微分することを、接線を求めることと考えても、それほど間違いではありません。

教科書では、導関数を求めることを微分すると解説されていますので、表現が正確ではないと感じる人もいるかもしれませんが、ここでは正確性よりも雰囲気を重視します。微分・積分についてさらに興味をもった人は、より正確に詳しく書かれた本に挑戦してください。

●「接線の傾き」

微分とは「接線の傾き」を求めることです。

点の運動の問題を考える場合には、この接線の傾きが速度となります。接線の傾きがわかると、関数のグラフの曲線について、さまざまなことがわかります。

接線が右肩上がり、すなわち接線の傾きが正の場合には、関数が増加していることを表しています。逆に、接線が右肩下がり、つまり接線の傾きが負の場合には、関数が減少していることを表しています。

関数が増加から減少に変わる場合には、その変化する点は山の頂きのようになっていることがわかります。反対に、関数が減少から増加に変わる場合には、その変化する点は谷底のようになっています。高校数学ではこのことを「増減表」という便利な表を使って説明しています。増減表を書いてみると、関数の情報がとてもよくわかるからです。

微分を使うと、$f(x)$ が x の n 乗の多項式で表されます。そのことを説明してみましょう。厳密な証明ではありませんが、ぜひ雰囲気をつかんでください。

微分積分学の教科書には、「テイラー展開」や「マクローリン展開」など、何度も繰り返し微分ができる関数を x^n の式で展開する方法が載っています。

たとえば、私たちは三角関数と簡単にいいますが、じつはその値をよく知っているわけではありません。原点を中心に半径1の円（単位円といいます）を描いたとき、円周上の点の x 座標と y 座標が、それぞれ cos（コサイン）と sin（サイン）です。それは定義であって、このことからすぐに円周

上の座標の値がわかるわけではありません。

　みなさんは、中心角が具体的に10度のとき、そのcosとsinの数値を計算することができますか？　この計算ができる人は、加法定理の使い方や半角の公式の求め方、高次方程式の解き方などがよく理解できている人です。

　たいていの人は、三角定規に出てくる角度の三角比の値がわかる程度でしょう。それも、$\frac{1}{2}$ ならまだしも、$\frac{\sqrt{3}}{2}$ の分子は無理数です。無理数の場合、小数点以下に不規則な数字の並びが続くため、正確な値はわからないのです。

　これが平方根で表せる無理数の場合は、手計算で平方根を求める手順があるのでまだいいほうです。平方根の値をこの手順で根気強く計算すれば、どこまでも正確な近似値を求めることができます。

　平方根を求めることを「開平」とよぶこともあり、江戸時代の数学の教科書には、そろばんで開平する方法が載っていました。三乗根を求める方法である「開立」について紹介されているものもあったといいます。

　開平や開立には機械的に計算する方法が存在しますが、π には、よい計算手順がなかなか見つかりませんでした。アルキメデスによる正多角形の頂点の数を倍にしていく方法は、機械的な計算手順とはいえません。三角関数の計算の整備や、指数関数、対数関数の知識を積み重ねることによって初めて、円周率の計算は桁数を増やしていくことが可能となったのです。

　なかでもヴィエトの式は、機械的な計算手順の一例だったといえます。それ以前の円周率を求める方法に対して、画期

的な式を求めたものでしたが、残念ながらヴィエトの式は収束がとても遅く、π の近似値を素早く求めるには不向きでした。そこで、円周率を機械的に早く求めるために、微分の方法が重要な存在として台頭してきたのです。

●無限の操作は慎重に

微分の公式として、

$$f(x) = x^n, \quad f'(x) = nx^{n-1}$$

があります。ここでは、この公式を証明はしません。微分を使った円周率の近似値を求める公式を考えることを目的としているからです。

一方、三角関数の微分の公式は次のとおりです。

$$f(x) = \sin x \qquad f'(x) = \cos x$$
$$f(x) = \cos x \qquad f'(x) = -\sin x$$

ここで、テイラー展開の説明をします。あくまでも証明ではなく説明です。関数 $f(x)$ を x^n の多項式で表すと、

$$f(x) = a_0 + a_1 x + a_2 x^2 + a_3 x^3 + a_4 x^4 + a_5 x^5 + \cdots \qquad (1)$$

という形になります。まず、(1) 式で $x = 0$ とすると、

$$f(0) = a_0$$

となり、a_0 が求められます。

ここで、先に「展開の説明で証明ではありません」と書いた理由の一つが出てきました。「x に 0 を代入すると、第 2 項以降が 0 になるから」ということが正しいように思えま

す。ところが、x は無限個あるのです。無限個の x に 0 を代入してもよいのでしょうか？

「いいに決まっている」と決めつけてはいけません。無限の操作は慎重にしなければならないのです。実際に、無限個の x に 0 を代入することは誰にもできません。厳密には、そのような不安定なことを証明の過程で使ってはいけないのです。

続いて、a_k を次々に求めていきましょう。(1) の両辺を微分します。

$$f'(x) = a_1 + 2a_2\,x^1 + 3a_3\,x^2 + 4a_4\,x^3 + 5a_5\,x^4 + \cdots \qquad (2)$$

この形になれば、$x = 0$ を代入すると、第 2 項以降の x のある項はすべて 0 になるので、

$$f'(0) = a_1$$

となり、a_1 がわかります。(2) の両辺をさらに微分すると、

$$f''(x) = 1 \cdot 2a_2 + 2 \cdot 3a_3\,x^1 + 3 \cdot 4a_4\,x^2 + 4 \cdot 5a_5\,x^3 + \cdots \qquad (3)$$

同様に、ここでも $x = 0$ を代入すると、

$$f''(0) = 1 \cdot 2a_2 \quad \therefore \quad \frac{1}{2}\,f''(0) = a_2$$

さらに、次の二つの式 (4) (5) にも、$x = 0$ を代入してみます。

$$f'''(x) = 1 \cdot 2 \cdot 3a_3 + 2 \cdot 3 \cdot 4a_4\,x^1 + 3 \cdot 4 \cdot 5a_5\,x^2 + \cdots \qquad (4)$$

$$f'''(0) = 1 \cdot 2 \cdot 3a_3 \quad \therefore \quad \frac{1}{1 \cdot 2 \cdot 3} f'''(0) = a_3$$

$$f^{(4)}(x) = 1 \cdot 2 \cdot 3 \cdot 4a_4 + 2 \cdot 3 \cdot 4 \cdot 5a_5 x^1 + \cdots \qquad (5)$$

$$f^{(4)}(0) = 1 \cdot 2 \cdot 3 \cdot 4a_4 \quad \therefore \quad \frac{1}{1 \cdot 2 \cdot 3 \cdot 4} f^{(4)}(0) = a_4$$

f の右肩についているプライム（ダッシュではなく、プライムです）が多くなると書いたり読んだりしにくくなるので、4回微分くらいになると $f^{(4)}(x)$ と書くことが多くなります。

(5) の両辺をさらに微分した (6) 式にも $x = 0$ を代入すると、

$$f^{(5)}(x) = 1 \cdot 2 \cdot 3 \cdot 4 \cdot 5a_5 + 2 \cdot 3 \cdot 4 \cdot 5 \cdot 6a_6 x^1 \cdots \qquad (6)$$

$$f^{(5)}(0) = 1 \cdot 2 \cdot 3 \cdot 4 \cdot 5a_5 \quad \therefore \quad \frac{1}{1 \cdot 2 \cdot 3 \cdot 4 \cdot 5} f^{(5)}(0) = a_5$$

となり、このように微分をすることで、次々に a_n を求めていくことができます。

●階乗

ここでもう一つ、数学の記号を導入しましょう。

1, 2, 3, … と、次々に自然数をかけていく操作について、すべてを書いていると大変です。$n!$ を次のように決め、n の階乗といいます。

$$n! = 1 \cdot 2 \cdot 3 \cdot \cdots \cdot n$$
$$1! = 1$$
$$2! = 1 \cdot 2 = 2$$
$$3! = 1 \cdot 2 \cdot 3 = 6$$
$$4! = 1 \cdot 2 \cdot 3 \cdot 4 = 24$$
$$5! = 1 \cdot 2 \cdot 3 \cdot 4 \cdot 5 = 120$$
$$0! = 1$$

$0! = 1$ は、定義というよりも決まりごとです。$0! = 1$ と決めておくと、組み合わせの計算のときにうまくいくのです。階乗の記号を使えば、先ほど求めた a_n を（1）に代入して、

$$f(x) = f(0) + f'(0)\,x + \frac{1}{2}f''(0)\,x^2 + \frac{1}{1 \cdot 2 \cdot 3}f'''(0)\,x^3$$
$$+ \frac{1}{1 \cdot 2 \cdot 3 \cdot 4}f^{(4)}(0)\,x^4 + \frac{1}{1 \cdot 2 \cdot 3 \cdot 4 \cdot 5}f^{(5)}(0)\,x^5 + \cdots$$
$$= f(0) + \frac{1}{1!}f'(0)\,x + \frac{1}{2!}f''(0)\,x^2 + \frac{1}{3!}f'''(0)\,x^3$$
$$+ \frac{1}{4!}f^{(4)}(0)\,x^4 + \frac{1}{5!}f^{(5)}(0)\,x^5 + \cdots$$

のように、$f(x)$ を表すことができます。

ただし、この x^n の級数が収束するかどうかはわかっていません。ここではその証明はしませんが、少なくとも三角関数についてこの形に展開すると、すべての実数で収束することがわかっています。

いま求めた級数は、$x = 0$ のときの導関数の値を使いまし

た。ところが、0が遠い場合もあります。その場合は、求めたいxの近くの値で、この展開を求めることができ、

$$f(x) = f(\alpha) + \frac{1}{1!}\, f'(\alpha)\,(x-\alpha) + \frac{1}{2!}\, f''(\alpha)(x-\alpha)^2$$
$$+ \frac{1}{3!}\, f'''(\alpha)(x-\alpha)^3 + \frac{1}{4!}\, f^{(4)}(\alpha)(x-\alpha)^4$$
$$+ \frac{1}{5!}\, f^{(5)}(\alpha)(x-\alpha)^5 + \cdots$$

となります。

●「マクローリン展開」と「テイラー展開」

最初に求めた$x = 0$での展開を「マクローリン展開」とよび、次に求めたαのまわりでの展開を「テイラー展開」とよびます。いずれも人名に由来する名称で、スコットランドのコリン・マクローリン（1698〜1746）とイギリスのブルック・テイラー（1685〜1731）はともに、ニュートンやライプニッツよりも少し後の時代の数学者です。ニュートンは関数の近似が非常に上手な人で、ほとんどテイラーの結果に近い式を使っていたとみられています。

マクローリン展開とテイラー展開を使うと、何ができるのでしょうか。

たとえば、次のような tan（タンジェント）の式を考えてみます。

$$\tan \frac{\pi}{4} = 1$$

関数のxとyの対応を逆にしたものを「逆関数」とよびま

すが、$y = \tan x$ の逆関数は、

$$y = \arctan x$$

と書き、「アークタンジェント」と読みます。この関数を使うと、先ほど書いた tan の式は次のようになります。

$$\frac{\pi}{4} = \arctan 1$$

　つまり、arctan のマクローリン展開がわかれば、展開式の x に 1 を代入することによって π を求めることができるのです。現代では、そのような説明をかんたんにしますが、ニュートンやライプニッツの時代は違いました。まだまだ微分積分学が整備されていなかったので、かなりの遠回りをすることになるのです。

3-3 積分の話

● トリチェリのひらめき

イタリアの物理学者として知られるエヴァンジェリスタ・トリチェリ（1608～1647）は、父親と早くに死別してしまいました。しかし、修道院長を務めていた叔父のイアコボ神父が、トリチェリの父親が亡くなる前に、彼をイエズス会の学校に入れました。トリチェリはここで、すぐに頭角を現していきます。

イアコボ神父と同じベネディクト修道会には、ガリレオ・ガリレイ（1564～1642）の弟子にあたるカステリ神父がいました。そこで、イアコボ神父は甥のトリチェリを、カステリ神父のいるローマに送ります。カステリ神父はまた、ボナヴェントゥーラ・カヴァリエーリ（1598～1647）の師でもありました。

カヴァリエーリは微分積分学の理論的形成に大きな影響を及ぼした数学者で、関数のグラフとx軸とのあいだの面積が積分で表されることを、彼の名をとって「カヴァリエーリの原理」とよびます。トリチェリもカヴァリエーリも、微分・積分に本質的な貢献をした人たちでした。

カステリ神父は自身の研究よりも、非常に優れた弟子をたくさん育てたことで有名です。当時の優れた学生たちは、彼を追いかけて大学を選んでいたといいます。カステリ神父が居を移せば、彼のもとで勉強する学生たちも動きました。

トリチェリは、カステリ神父の優れた弟子たちのなかで

144

も、特に優れた一人でした。カステリ神父は、師であるガリレオが晩年の著作『新科学対話』を書いていた際、トリチェリを助手として紹介しています。トリチェリは、物体は放物線を描いて落下するという部分の原稿作成を手伝っています。

　トリチェリは、等加速度運動の速度は直線で、その直線の下の部分の面積は放物線で表すことができることに気づきました。そして、放物線の接線の傾きが速度になることも理解しています。彼は、アルキメデスによる放物線の接線を求める方法も知っていました。

　先述のとおり、接線を求めるのは微分であり、面積を求めるのは積分です。トリチェリは、微分と積分が逆の操作であることに気がついたのです。

●ケプラーの膨大な計算

　微分はある程度、機械的に計算することができます。ところが積分の計算は、図形を細分化したうえで、面積を足し合わせていました。これは大変な計算です。

　微分を逆に使えば積分ができる、面積を求めることができるのならば、計算時間はかなり短縮されます。この一連の流れの中に、ニュートンやライプニッツの微分・積分の計算があったのです。

　現代のように整備はされていませんから、面積が円周率と関係する式だとわかっても、それほど簡単には計算できません。そこで、積分を無限級数で表して、円周率の近似式を苦労してつくったのです。トリチェリやカヴァリエーリの後にも、まだまだ多くの苦労がありました。

微分の公式、

$$f(x) = x^n, \quad f'(x) = nx^{n-1}$$

を逆に使うのが積分とわかれば、$\dfrac{1}{n+1}x^{n+1}$ を微分すれば
x^n なので、これを

$$\int x^n dx = \frac{1}{n+1}x^{n+1} + C$$

と書くことにしましょう。これが積分の公式です。微分と積分が逆の計算であるとわかれば、定積分は微分を逆に使って、

$$F'(x) = f(x) \text{ のとき } \int_a^b f(x)\, dx = F(b) - F(a)$$

と計算すると、積分が計算できることにより面積が求められます。多項式の関数の下側の面積ならば、先ほどの公式で計算できます。また、三角関数の曲線の下にある部分の面積ならば、次の公式を使えば計算できます。

$$f(x) = \sin x \qquad f'(x) = \cos x$$
$$f(x) = \cos x \qquad f'(x) = -\sin x$$
$$\int \sin x\, dx = -\cos x + C$$
$$\int \cos x\, dx = \sin x + C$$

　微分・積分の理論と計算方法が整備されると、機能的な計算が可能になっていきました。いったん長方形などの図形に細かく分けたうえで、各図形の面積を足し合わせて全体の面積を計算する、といった大変な仕事から解放されました。も

ちろん、現在でも自然現象を表すためには大変な計算が必要です。しかし、微分・積分ができる前は、想像を絶する苦労がともなっていたのです。

　トリチェリの名前はむしろ、物理学の教科書に多く登場します。最も有名な研究は、容器の底の近くに小さな穴が開いているとき、そこから流れ落ちる流体に関する「トリチェリの法則」でしょう。気圧計についても有名で、さらには、初めて吸い上げポンプの力学的説明をしたのもトリチェリでした。

　対照的に、数学の本にはトリチェリの名前はほとんど登場しません。しかし、彼の数学における業績は、この学問の進歩に本質的な役割を果たしています。ここで紹介した話の他にも、トリチェリは、現在では「広義積分」とよばれる無限の範囲の面積も計算しているのです。

　前述のように、ニュートンやライプニッツがどんなに優れた才能であっても、微分積分学のような世の中を大きく変える発見を、彼ら二人だけで成立させることは不可能でした。トリチェリやカヴァリエーリのように、微分・積分の形成に寄与した人物が多数存在していたのです。

　その一人に、前出の天文学者、ケプラーがいます。惑星の運動に関する法則である「ケプラーの法則」を見出したケプラーは、惑星の楕円軌道を計算する際、アルキメデスの使った三角形分割を使いました。三角形の数を増やしていったことで計算量は膨大になりましたが、これもまた、積分の考え方に基づいています。ケプラーはこの計算により、ケプラーの法則の一つの柱である「面積速度一定の法則」を発見しました。彼はいったい、その計算にどれほどの時間を費やした

のでしょうか……？

●自然のしくみを理解するために

　微分・積分を習って、積分が微分の逆の計算になるということを用いれば、ケプラーがおこなったような計算はずいぶん楽になります。円周率に関連した図形の面積も計算しやすくなります。その意味でも、トリチェリやカヴァリエーリの業績は重要です。積分で面積を表しておけば、それを実際には無限級数に展開して、円周率の近似値を求められるからです。

　ニュートンとライプニッツが、この一連の仕事を完成させてくれました。微分・積分はいまでも研究されている重要テーマですから、完成というのは少し違うかもしれません。しかし、彼らの時代に革命的に進歩し、そしてその結果として、円周率の計算もきわめて正確な近似値を求められるようになったのです。

　微分積分学を研究した人物を列挙していくと、その時代の天才たちの名前が並びます。ガリレオ、カヴァリエーリ、トリチェリ、フェルマー、パスカル親子、デカルト……。錚々たるメンバーです。なかには、微分積分学そのものをつくるのではなく、微分・積分を記述するための道具を整えてくれた人たちもいます。たとえばフェルマーやデカルトは、座標を生み出してくれました。

　17世紀の天才たちはなぜ、みなこぞって微分・積分を研究したのでしょうか。それは、自然のしくみを理解するために、どうしても微分・積分が必要だったからです。自然の変化が少しでもわかるようになれば、人の暮らしが少しでもよ

くなる可能性があるからです。

　ニュートンとライプニッツは、天才の知識を、ふつうの人が使えるようにしました。ヨーロッパが世界を支配しそうになった力の源泉の一つが、微分積分学です。そして、微分・積分ができて以降は、円周率の近似値探求もまた、ヨーロッパを中心に動いていきます。

3-4 有理数の二項定理とニュートン

●二項定理

二項定理は、高校数学の範囲で学習する大切な定理です。組み合わせの計算で使うため、通常は確率に関連するテーマとして習います。

「異なる n 個のものから r 個を選ぶ組み合わせを考えよ」という問題を覚えている人も多いのではないでしょうか。組み合わせの計算の説明は教科書に譲るとして、ここでは記号の復習をしておきます。

「異なる n 個のものから r 個を選ぶ組み合わせ」の計算は、次の式で求めることができます。

$$_nC_r = \frac{n(n-1)(n-2)\cdots(n-r+1)}{r!}$$

この公式を使うと、$(x+y)^n$ の n が正の整数である場合が表現できます。これを「二項定理」とよびます。

$$(x+y)^n = {}_nC_0\,x^n + {}_nC_1\,x^{n-1}y + {}_nC_2\,x^{n-2}y^2 + {}_nC_3\,x^{n-3}y^3 + \cdots$$
$$= x^n + nx^{n-1}y + \frac{n(n-1)}{2!}x^{n-2}y^2 + \frac{n(n-1)(n-2)}{3!}x^{n-3}y^3 + \cdots$$

ニュートンは、この公式を n が有理数の場合にも拡張していました。ここでは、1 と x の展開しか使わないので、二項定理を 1 と x だけで表しておきましょう。

$$(1+x)^n = {}_nC_0 + {}_nC_1 x + {}_nC_2 x^2 + {}_nC_3 x^3 + \cdots$$
$$= 1 + nx + \frac{n(n-1)}{2!} x^2 + \frac{n(n-1)(n-2)}{3!} x^3 + \cdots$$

n を有理数にすると、次のようになります。

$$(1+x)^{\frac{m}{n}} = 1 + \frac{m}{n} x + \frac{\frac{m}{n}\left(\frac{m}{n}-1\right)}{2!} x^2 + \frac{\frac{m}{n}\left(\frac{m}{n}-1\right)\left(\frac{m}{n}-2\right)}{3!} x^3 + \cdots$$

すでに何度も指摘しているとおり、ニュートンやライプニッツの生きた時代は、いまだ微分・積分の黎明期でした。現代のように公式も計算方法も整備されておらず、微分・積分を使って π の近似を計算するといっても、自分たちが工夫した方法を用いて、コツコツと地道に進めていく必要がありました。

有理数の場合の二項定理は、ジェームズ・グレゴリーとニュートンが独立に発見していたと考えられています（ニュートンのほうが少し早かったようですが）。

積分をすると曲線の長さを表すことができます。有理数に対する二項定理を使って、円周率を近似したのがニュートンです。じつはニュートンは、有理数に対する二項定理から微分・積分の研究を始めたという側面もあります。

●曲線の長さを求める公式

ニュートンは、単位円（半径1の円）の弧の長さに注目しました。そして、x 座標が0から x までの円弧の長さが

$$\int_0^x \frac{dt}{\sqrt{1-t^2}}$$

であることを見つけます。現代的に書くと、これは曲線の長さの公式を使ったことになります。

　単位円の方程式は、

$$x^2 + y^2 = 1$$

です。この円の上半分を使うので、

$$y^2 = 1 - x^2 \quad \therefore y = \sqrt{1-x^2}$$

が曲線の方程式になります。

　曲線の長さを求める公式は、

$$\int_0^x \sqrt{1 + \left(y'\right)^2}\, dt$$

です。y' は y の導関数、すなわち、y を微分したものです。

　$y = \sqrt{1-x^2}$ の微分は、高校で習う合成関数の微分をすると求められます。

$$y = \sqrt{1-x^2} = \left(1-x^2\right)^{\frac{1}{2}}$$

なので、これを微分して、次の導関数を得ます。

$$\begin{aligned}
y' &= \frac{1}{2}\left(1-x^2\right)^{-\frac{1}{2}}\left(1-x^2\right)' \\
&= \frac{1}{2}\left(1-x^2\right)^{-\frac{1}{2}}\left(-2x\right) \\
&= \frac{-x}{\sqrt{1-x^2}}
\end{aligned}$$

この導関数の x を t にして曲線の長さの公式に代入すれば、

$$\int_0^x \sqrt{1+\left(y'\right)^2}\,dt = \int_0^x \sqrt{1+\left(\frac{-t}{\sqrt{1-t^2}}\right)^2}\,dt$$

$$= \int_0^x \sqrt{1+\frac{t^2}{1-t^2}}\,dt$$

$$= \int_0^x \sqrt{\frac{1-t^2+t^2}{1-t^2}}\,dt$$

$$= \int_0^x \frac{1}{\sqrt{1-t^2}}\,dt$$

となり、先ほどの式と同じになります。ここで、この円弧の長さを z とします。

$$z = \int_0^x \frac{1}{\sqrt{1-t^2}}\,dt$$

$$\frac{1}{\sqrt{1-t^2}} = \left(1-t^2\right)^{-\frac{1}{2}}$$

に、有理数に対する二項定理を使うと、

$$\frac{1}{\sqrt{1-t^2}} = \left(1-t^2\right)^{-\frac{1}{2}}$$

$$= 1 + \left(-\frac{1}{2}\right)\left(-t^2\right) + \frac{\left(-\frac{1}{2}\right)\left(-\frac{1}{2}-1\right)}{2!}\left(-t^2\right)^2$$

$$+ \frac{\left(-\frac{1}{2}\right)\left(-\frac{1}{2}-1\right)\left(-\frac{1}{2}-2\right)}{3!}\left(-t^2\right)^3 + \cdots$$

$$= 1 + \frac{1}{2}t^2 + \frac{\frac{3}{4}}{2!}t^4 + \frac{\frac{15}{8}}{3!}t^6 + \cdots$$

$$= 1 + \frac{1}{2}t^2 + \frac{3}{8}t^4 + \frac{5}{16}t^6 + \cdots$$

となります。この式を、先ほどの円弧の長さ z を表す積分に代入して、0 から x までを積分すると、多項式の積分の公式で計算できます。

　厳密には、無限級数における各項と積分の入れ替えなど、現代数学で成立するかどうか確認が必要な点もありますが、ここでは成立すると考えて計算を進めます。ニュートンの時代には、まだこのような厳密な証明を考えていませんでしたが、その代わりに、理論を超えて現象の本質をつかむ力がありました。

●ニュートンの工夫

　さて、次の計算の意味を考えてみましょう。

$$z = \int_0^x \frac{1}{\sqrt{1-t^2}}\, dt$$

$$= \int_0^x \left(1 + \frac{1}{2} t^2 + \frac{3}{8} t^4 + \frac{5}{16} t^6 + \frac{35}{128} t^8 + \cdots\right) dt$$

$$= x + \frac{1}{6} x^3 + \frac{3}{40} x^5 + \frac{5}{112} x^7 + \frac{35}{1152} x^9 + \cdots \tag{1}$$

z はラジアン（弧度）です。右辺の x は、y 軸から時計回りに角度を測って、z ラジアンのところにある単位円上の y 座標です（図 3-2）。

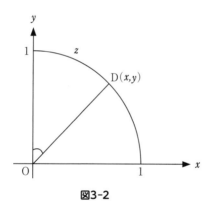

図3-2

すなわち、$\sin z = x$ という関係があります。(1) 式は x で z を表しているので $\sin$ の逆関数「アークサイン」という関係になり、$z = \arcsin x$ です。この関係式から、円周率の近似値を表すことができます。

$$\sin z = x \qquad z = \arcsin x$$

具体的な値を入れてみましょう。

$$\sin \frac{\pi}{2} = 1 \quad \therefore \frac{\pi}{2} = \arcsin 1$$

(1) 式に $x = 1$ を代入すれば、 $\frac{\pi}{2}$ の近似値を求められることになります。

さらに、z を x の級数で表せると考えると、sin の無限級数展開を求められます。

$$x = a_1 z + a_2 z^2 + a_3 z^3 + a_4 z^4 + a_5 z^5 + \cdots$$

と表現でき、同じく (1) 式に代入すると

$$
\begin{aligned}
z = &\left(a_1 z + a_2 z^2 + a_3 z^3 + a_4 z^4 + a_5 z^5 + \cdots \right) \\
&+ \frac{1}{6} \left(a_1 z + a_2 z^2 + a_3 z^3 + a_4 z^4 + a_5 z^5 + \cdots \right)^3 \\
&+ \frac{3}{40} \left(a_1 z + a_2 z^2 + a_3 z^3 + a_4 z^4 + a_5 z^5 + \cdots \right)^5 + \cdots
\end{aligned}
$$

となります。

そこで、z のべき乗の係数を比較します。無限級数の 3 乗や 5 乗がありますが、最初の数項は難しくありません。

z の 1 乗、z の 2 乗は最初のかっこ（ ）の中にしかありませんから、$a_1 = 1$, $a_2 = 0$ です。5 乗のかっこの中の最低次数は z の 5 乗、3 乗のかっこの中は z の 3 乗が最低次数の項になります。

zの3乗の項がどこから出てくるかというと、最初の1乗のかっこの中にzの3乗の係数a_3があります。次の3乗のかっこの中からは、係数a_1のzの1乗の項からzの3乗が出てくるので、この係数は次の式のようになります。

同じように考えて、zの4乗は、1乗のかっこの中のz^4と、3乗のかっこの中のz^1とz^1とz^2をかけることでz^4ができきます。係数は、同じく次の式のようになります。

a_5についても同様です。zの5乗は、最初のかっこの中のzの5乗、最後の5乗のかっこの中で5乗されたzの1乗からz^5ができます。さらに、3乗のかっこの中の、zの1乗が2個とzの3乗をかけて5乗、zの2乗が二つとzの1乗が一つでzの5乗ができます。少々複雑になりますが、3乗のかっこの中ではzの5乗の一つの項をつくるために、かけ算のつくり方が3通りずつできます。そのため、3倍がついています。

zの1乗の係数：$a_1 = 1$

zの2乗の係数：$a_2 = 0$

zの3乗の係数：

$$a_3 + \frac{1}{6} a_1^3 = 0$$

$$\therefore \ a_3 = -\frac{1}{6} = -\frac{1}{3!}$$

zの4乗の係数：

$$a_4 + \frac{1}{6} \cdot 3a_1 a_1 a_2 = 0$$

$$\therefore a_4 = 0$$

z の5乗の係数:

$$a_5 + \frac{3}{40} a_1^5 + \frac{1}{6} \cdot 3a_1 a_1 a_3 + \frac{1}{6} \cdot 3a_1 a_2 a_2 = 0$$

$$\begin{aligned}
\therefore a_5 &= -\frac{3}{40} - \frac{1}{2}\left(-\frac{1}{6}\right) \\
&= -\frac{3}{40} + \frac{1}{12} \\
&= \frac{1}{120} = \frac{1}{5!}
\end{aligned}$$

これで、各項の係数が $n!$ を分母にもつ、きれいな無限級数ができあがります。このことから、ニュートンは次の展開を求めることができました。

$$\sin z = z - \frac{1}{3!} z^3 + \frac{1}{5!} z^5 - \frac{1}{7!} z^7 + \cdots + (-1)^n \frac{1}{(2n+1)!} z^{2n+1} + \cdots$$

いまだ微分・積分の公式や計算方法が整備されていなかったニュートンの時代には、現在なら解析の教科書にごく当たり前に掲載されている公式でさえ、特別の工夫を凝らして求めていたのです。

3-5 ライプニッツ

●師を超えたライプニッツ

ニュートンとともに、微分積分学が確立するための最後の詰めをおこなったライプニッツもまた、円周率の計算に取り組んでいました。惑星の楕円軌道の計算や、航海に用いる球面三角法などに不可欠な円周率は、それほど大切な数字だったわけです。さまざまな級数の和に現れる黄金分割の比と同じように、科学のなかで重要な役割を果たします。

ライプニッツは、ホイヘンスから数学を学んだとみられています。したがって、ホイヘンスにもある程度の微分・積分に関する知識があり、各種の図形の面積を求めていたと考えられています。しかし、微分積分学の理論的な展開においては、弟子にあたるライプニッツにかないませんでした。

ライプニッツが使った図形は、$(x-1)^2+y^2=1$ で表される円の上半分です（図3-3）。

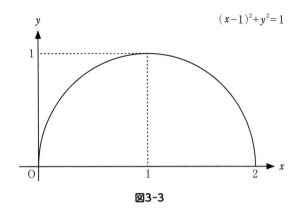

$$(x-1)^2 + y^2 = 1$$

図3-3

この式を変形して、x座標より上の部分の曲線の方程式を求めると、次のようになります。

$$x^2 - 2x + 1 + y^2 = 1$$
$$y^2 = 2x - x^2$$
$$y = \pm\sqrt{2x - x^2}$$

用いるのは x 軸より上の部分なので、「+」のほうの平方根を取ります。

$$y = \sqrt{2x - x^2}$$

この図形と x 軸が囲む部分の面積が、積分

$$\int_0^1 \sqrt{2x - x^2}\, dx$$

で与えられることは、ライプニッツも知っていました。先にも登場した「カヴァリエーリの原理」です。積分論の基本で

すが、非常に大切な法則です。

　現在なら、微分・積分の公式で直接、計算できてしまう積分ですが、ライプニッツの時代はまだ、そこまで微分積分学が整備されていませんでした。

　また、いまではこの積分の無限級数を使った展開もできますが、これもライプニッツの時代には、まだ十分に発展していません。知っていることを精一杯使って、懸命に計算をしていく必要がありました。ライプニッツは工夫して、無限等比級数の和が使えるようにします。

●ライプニッツの計算

　ライプニッツがおこなった計算について、まずは現在の高校数学の教科書に載っている公式、

$$\int_a^b f'(t)\,dt = f(b) - f(a)$$

から始めましょう。関数の積の微分

$$\frac{d}{dx}(xy) = (x)'y + x\frac{dy}{dx} = y + x\frac{dy}{dx}$$

を使うと、$y(1) = 1$ より、

$$\int_0^1 \left(y + x\frac{dy}{dx}\right)dx = \int_0^1 \frac{d}{dx}(xy)\,dx = \left[xy\right]_0^1 = 1 \cdot y(1) - 0 = 1$$

と計算できます。

　y についての積分を変形して、

$$\int_0^1 ydx = \int_0^1 \left(\frac{d}{dx}(xy) - x\frac{dy}{dx} \right) dx = 1 - \int_0^1 x\frac{dy}{dx}\,dx$$

と表し直します。

ここで、新しい関数 z を

$$z = y - x\frac{dy}{dx}$$

とおきます。y の積分をあえて半分ずつにして足し合わせると、

$$\begin{aligned}
\int_0^1 ydx &= \frac{1}{2}\int_0^1 ydx + \frac{1}{2}\int_0^1 ydx \\
&= \frac{1}{2}\left(1 - \int_0^1 x\frac{dy}{dx}\,dx \right) + \frac{1}{2}\int_0^1 ydx \\
&= \frac{1}{2} + \frac{1}{2}\int_0^1 \left(y - x\frac{dy}{dx} \right) dx \\
&= \frac{1}{2} + \frac{1}{2}\int_0^1 z\,dx
\end{aligned}$$

のように、z の積分を使って表すことができます。ここで、z を工夫して変形します。

ライプニッツの用いた方法に目を移していきます。

$$y^2 = 2x - x^2$$

この式の両辺を x で微分すると、左辺は合成関数の微分を使って、

$$\frac{d}{dx}\,y^2 = 2y\,\frac{dy}{dx}$$

となります。右辺も微分すると、

$$2y\,\frac{dy}{dx} = 2 - 2x$$

となります。両辺はともに2で割れます。

　これはまだ、かなり現代的な説明でした。

$$\therefore\ \frac{dy}{dx} = \frac{1-x}{y}$$

　ライプニッツ当時の書き方を使うと、

$$y^2 = 2x - x^2$$

の式から、次のように表されます。

$$2ydy = 2dx - 2xdx$$

　この式から、両辺を形式上、2とdxで割った形をつくって、

$$y\,\frac{dy}{dx} = 1 - x \quad \therefore\ \frac{dy}{dx} = \frac{1-x}{y}$$

が求められます。現在の高校生が習う合成関数の微分を使うと、

$$\frac{dy}{dx} = \frac{d}{dx}\left(\sqrt{2x-x^2}\right)$$

$$= \left[\left(2x-x^2\right)^{\frac{1}{2}}\right]'$$

$$= \frac{1}{2}\left(2x-x^2\right)^{-\frac{1}{2}}(2-2x)$$

$$= \frac{1-x}{\sqrt{2x-x^2}} = \frac{1-x}{y}$$

という計算になります。この計算からもわかるように、ちょっとしたことでも、ニュートンやライプニッツは苦労していました。

●ホイヘンスが絶賛した数式

円周率の計算を続けましょう。z をさらに変形します。

$$z = y - x\frac{dy}{dx} = y - x \cdot \frac{1-x}{y} = \frac{y^2 - x + x^2}{y}$$

この式の分子は、もともとの x と y との関係式から、

$$y^2 = 2x - x^2$$

$$y^2 + x^2 - x = x$$

と変形できます。よって、

$$z = \frac{x}{y}$$

さらに両辺を2乗して、x と y の関係を代入すると、

$$z^2 = \frac{x^2}{y^2} = \frac{x^2}{2x - x^2} = \frac{x}{2 - x} \quad (\text{分母分子を } x \text{ で割りました})$$

となります。ここでもう一度、両辺の平方根をとると、

$$z = \sqrt{\frac{x}{2 - x}}$$

$$\int_0^1 z\,dx = \int_0^1 \sqrt{\frac{x}{2 - x}}\;dx$$

と、z の積分が表されます。もう一工夫が必要です。

　原点と座標（1,1）でつくる正方形を考えて、z から x を見た曲線が z 軸と囲む部分の面積を 1 から引くと、上の積分と同じになります。逆関数の考え方を使っています。

$$\int_0^1 z\,dx = 1 - \int_0^1 x\,dz$$

x を z で積分するので、x を z で表します。

$$z^2 = \frac{x}{2 - x}$$

$$2z^2 - z^2 x = x \quad \therefore 2z^2 = (1 + z^2)\,x \quad \therefore x = \frac{2z^2}{1 + z^2}$$

　この式を y を積分した式に代入して、

$$\int_0^1 y\,dx = \frac{1}{2} + \frac{1}{2}\int_0^1 z\,dx$$
$$= \frac{1}{2} + \frac{1}{2}\left(1 - \int_0^1 x\,dz\right)$$
$$= \frac{1}{2} + \frac{1}{2}\left(1 - \int_0^1 \frac{2z^2}{1+z^2}\,dz\right)$$
$$= 1 - \int_0^1 \frac{z^2}{1+z^2}\,dz$$

これで、無限等比級数の和を使える式だけが、積分の中に残りました。

$$\frac{1}{1+z^2} = 1 - z^2 + z^4 - z^6 + z^8 - \cdots + (-1)^{n+1}z^n + \cdots$$

この展開を積分の中に入れて、x の n 乗の積分を 0 から 1 までおこなうと、

$$\int_0^1 \frac{z^2}{1+z^2}\,dz = \int_0^1 z^2\left(1 - z^2 + z^4 - z^6 + z^8 - \cdots\right.$$
$$\left. + (-1)^{n+1}z^n + \cdots\right)dz$$
$$= \int_0^1 z^2\,dz - \int_0^1 z^4\,dz + \int_0^1 z^6\,dz - \cdots$$
$$+ (-1)^{n+1}\int_0^1 z^{2(n+1)}\,dz + \cdots$$
$$= \frac{1}{3} - \frac{1}{5} + \frac{1}{7} - \cdots + (-1)^{n+1}\frac{1}{2n+1} + \cdots$$

となります。

最初に考えた積分の面積は π の 4 分の 1 でした。という

ことは、次の式が得られたことになります。

$$\frac{\pi}{4} = 1 - \frac{1}{3} + \frac{1}{5} - \frac{1}{7} + \cdots + (-1)^n \frac{1}{2n+1} + \cdots$$

　この式は、次節で紹介するグレゴリーが求めたものと同じであるため、「グレゴリー－ライプニッツ級数」とよばれています。ホイヘンスは、ライプニッツのこの展開を激賞したと伝わっています。

　整った式ではありますが、残念なことにこの級数は収束がとても遅いため、実際の円周率の計算にはさほど役には立ちませんでした。この式を工夫して収束を早くする努力が、なされていくことになります。

　じつは、ライプニッツやグレゴリーより200年も前に、インド南部のケーララ地方で、数学と天文学の研究で知られるマーダヴァ（1340もしくは1350～1425）を中心とする人たちが、この級数について探求していたことがわかっています。彼らは、級数の収束を早めるための工夫にも取り組んでいましたが、その結果はヨーロッパまで伝わっていなかったようです。

3-6 ジェームズ・グレゴリーの仕事

●忘れられていた業績

何度も繰り返しているように、微分・積分は多くの人たちの努力によってできあがってきました。他の人の結果を互いに知ることなく、複数の人が独立に同じことを発見することもありました。それは、ごく近隣の国どうしにおいても起こっていたのです。

スコットランドは、現在ではイギリスを構成する地域の一つですが、18世紀の冒頭までは独立した国家でした。円周率を表す無限級数にその名を残すスコットランド人、ジェームズ・グレゴリーについては、本書でもすでに何度か触れてきました。ニュートンより少し上の世代の優れた数学者です。

グレゴリーも、ニュートンやライプニッツとは独立に、微分・積分への貢献を果たしています。前節で紹介したように、ライプニッツと同じ式を導き、「グレゴリー－ライプニッツ級数」としてその名を残しました。彼は、若いときから外国の数学に触れていましたが、その一つの背景として、大祖父にあたる人物がヴィエトの業績の編纂に従事していたことがあると思われます。

残念なことに、グレゴリーは若くして世を去ってしまい、彼の業績は長いあいだ忘れられたままの状態にありました。1900年代になって、ようやく再発見された経緯があります。

業績が広く知られなかった原因として、ライプニッツの数

学の師にあたる高名な物理学者、ホイヘンスと折り合いが悪かったこともあるかもしれません。二人の仲が良くなかったのは、円周率に対する考え方の相違が原因だといわれています。ホイヘンスが「πは代数的に表される」と考えていた一方、グレゴリーは「πは代数的には表されない」と見通していたのです。

のちに詳しく見るように、現代ではグレゴリーの見立てが正しかったことが判明しています。

●グレゴリーの級数

グレゴリーは1663年、後援者を得てイタリアで学ぶ機会を得ます。そこでは、トリチェリの親友の弟子にあたる人と一緒に研究をしていました。

グレゴリーのおもな研究テーマは、無限小の計算と求積法でした。イタリアで研究生活を送ったことが縁で、グレゴリーの研究の何冊かはイタリアで出版されています。このことも、グレゴリーの研究成果が広く知られにくかった要因の一つかもしれません。当時はすでに、微分・積分研究の中心がイギリスや中央ヨーロッパに移っていたからです。

グレゴリーの円周率の計算は、曲線

$$y = \frac{1}{1+x^2}$$

が、0からxまでに囲む部分の面積$y = \tan x$の逆関数$y = \arctan x$に等しいことを使います。これは、イタリアでの研究を通して学んだ成果でしょう。無限等比級数の和を使うことも、イタリアでの研究から身につけていたと考えられま

す。

　現代的な式で表現すると、

$$\int_0^x \frac{1}{1+u^2}\,du = \arctan x$$
$$= \int_0^x \left(1 - u^2 + u^4 - u^6 + u^8 - \cdots\right) du$$
$$= x - \frac{x^3}{3} + \frac{x^5}{5} - \frac{x^7}{7} + \cdots$$

となります。$\tan\dfrac{\pi}{4} = 1$ より $\arctan 1 = \dfrac{\pi}{4}$ なので、上の

式の x に 1 を代入すると $\dfrac{\pi}{4}$ になります。これが、「グレゴ

リー級数」とよばれる式です。

$$\frac{\pi}{4} = 1 - \frac{1}{3} + \frac{1}{5} - \frac{1}{7} + \cdots$$

　この式から円周率を求めることができますが、じつはこの
級数も収束が遅いのです。先に紹介したライプニッツが求め
た式も、この式と同じです。

　前述のとおり、ホイヘンスは弟子のライプニッツが求めた
この式を絶賛したと伝わっていますので、先行するグレゴリ
ーの結果を知らなかったのかもしれません。あるいは、円周
率 π についてのグレゴリーとの議論を考えると、ホイヘン
スがあえて無視した可能性も考えられます。

　果たして真相はどうだったのでしょうか。

第4章

オイラーと円周率
——超越数とは何か

3.14

15926535897932384626433832795028841971693993751058209749445923078164062862089986280348253421170679821480865132823066470938446095505822317253594081284811174502841027019385211055596446229489549303819644288109756659334461284756482337867831652712019091456485669234603486104543266482133936072602491412737245870066063155881748815209209628292540917153643678925903600113305305488204665213841469519415116094330572703657595919530921861173819326117931051185480744623799627495673518857527248912279381830119491298336733624406566430860213949463952247371907021798609437027705392171762931767523846748184676694051320005681271452635608277857713427577896091736371787214684409012249534301465495853710507922796892589235420199561121290219608640344181598136297747713099605187072113499999983729780499510597317328160963185950244594553469083026425223082533446850352619311881710100031378387528865875332083814206171776691473035982534904287554687311595628638823537875937519577818577805321712268066130019278766111959092164201989380952572010654858632788659361533818279682303019520353018529689957736225994138912497217752834791315155748572424541506959508295331168617278558890750983817546374649393192550604009277016711390098488240128583616035637076601047101819429555961989467678374494482553797747268471040475346462080466842590694912933136770289891521047521620569660240580381501935112533824300355876402474964732639141992726042699227967823547816360093417216412199245863150302861829745557067498385054945885869269956909272107975093029553211653449872027559602364806654991198818347977535663698074265425278625518184175746728909777727938000816470600161452491921732172147723501414419735685481613611573525521334757418494684385233239073941433345477624168625189835694855620992192221842725502542568876717904946016534668049886272327917860857843838279679766814541009538837863609506800642512520511739298489608412848862694560424196528502221066118630674427862203919494504712

4-1 オイラーと連分数表現と無理数

●オイラー登場

　先にも指摘したとおり、1650 年代から 1660 年代にかけては、円周率だけでなく、さまざまな数に対して、無限に続く計算方法での表現がつくられていました。なかでも連分数による表現は、早くからイタリアで使われていました。第 2 章でも紹介したように、ピエトロ・アントニオ・カタルディが平方根の連分数表現を開発しています。

　たとえば、$\sqrt{2} = x + 1$ とおいて連分数で表すと、

$$x = \cfrac{1}{2+x} = \cfrac{1}{2 + \cfrac{1}{2+x}}$$

となりました。

　連分数の研究が進展した 17 世紀後半には、ブラウンカー卿がウォリスの無限積から独自の方法で、円周率の連分数表現をつくり出しています。これも第 2 章で登場しましたが、再掲しておきましょう。

$$\frac{4}{\pi} = 1 + \cfrac{1^2}{2 + \cfrac{3^2}{2 + \cfrac{5^2}{2 + \cfrac{7^2}{2 + \cdots}}}}$$

　上記の2例からわかるように、連分数は分数の中に分数があり、分数が入れ子のように続いている式のことでした。一般には、次の形をしています。

$$\alpha = a_0 + \cfrac{b_1}{a_1 + \cfrac{b_2}{a_2 + \cfrac{b_3}{a_3 + \cdots}}} \qquad a_i, b_i \text{ は整数}$$

　α が有理数（分母、分子ともに整数の分数）の場合は、この操作が有限回で終わります。α が先の $\sqrt{2}$ のように無理数の場合には、この操作が無限に続きます。これを途中でやめると、無理数の有理数近似をつくることになります。現在は大学でもあまり教えない連分数表現ですが、無理数の有理数近似をつくるためにはなかなか有効な方法です。

$$\alpha = a_0 + \cfrac{1}{a_1 + \cfrac{1}{a_2 + \cfrac{1}{a_3 + \cdots}}}$$

のように、b_i をすべて1とした連分数を「正則連分数」とよびます。
　ここで、数学史上に燦然と輝く大数学者、レオンハルト・オイラー（1707～1783）が登場します（図4-1）。彼は、正則連分数を使用して、ネイピア数（自然対数の底）e が無理数であることを証明しました。

図4-1　レオンハルト・オイラー

　オイラーは、正則連分数が有理数を表すときには有限回で
終わり、無理数の場合には無限に続くことを知っていまし
た。ただし、オイラーは連分数表現を関数として使ってい
て、非常に難しく、優れたひらめきが必要な方法を用いてい
ます。微分方程式論を勉強した人ならご存じの、ジャコポ・
フランチェスコ・リッカチ伯爵（1676～1754）の結果をオ
イラーは使ったのです。

　リッカチ伯爵はヴェネツィアの貴族でした。彼の微分方程
式論はきわめて複雑なものですが、オイラーは自身の連分数
表現の研究をリッカチの結果に応用できるようにしました。
細かい手順はこの本の範囲を超えますので、ここまでにして
おきます。

● πを正則連分数で表す

　π の連分数表現については、先ほどブラウンカー卿の結果
を書きましたが、π にも、正則連分数表現があります。

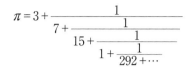

$$\pi = 3 + \cfrac{1}{7 + \cfrac{1}{15 + \cfrac{1}{1 + \cfrac{1}{292 + \cdots}}}}$$

オイラーもこの式を知っていましたが、さすがの彼も、この式から π が無理数であることを証明することはできませんでした。先ほどの e が無理数であることについても、正則連分数表現からすぐに証明できるものではありません。オイラーもかなり苦労をして証明したのです。

たとえ連分数表現が存在していたとしても、それが無限に続くかどうかといったことを証明するのは容易ではないのだということを知っておいてください。

数学の諸分野において、最初の証明はきわめて難しいことが多いのです。それがだんだん洗練されて、徐々によいアイデアが出され、改良されていきます。π が無理数であることの証明も同様で、有理数であると仮定して矛盾を導き出す「背理法」を使う証明が理解しやすいでしょう。

残念ながら微分・積分を使う必要があるのでここでは深入りしませんが、最後に導くのは、整数が 0 と 1 のあいだに入ってしまうという矛盾です。

● **ランベルトの証明**

π が無理数であることを証明したのは、ドイツの数学者で、物理学や化学にも通じていたヨハン・ハインリヒ・ランベルト（1728〜1777）です。

ランベルトは、ベルリン・アカデミーでオイラーと友人同士だったのに、カレンダーの販売という些細(ささい)なことで意見が合わず、不仲になってしまいます。非常に優れた数学者でしたが、グレゴリーと同じように早逝してしまいました。

　ランベルトによる π が無理数であることの証明は、π 自体の連分数表現ではありません。先ほど紹介した π の正則連分数表現は、じつはランベルトの求めたものなのですが、彼はそれを使わずに、$\tan x$ の連分数表現を用いています。

$$\tan x = \frac{\sin x}{\cos x}$$

　この式の分母、分子に、前章第4節ニュートンの項で求めた三角関数の x のべき乗による展開を代入します。

$$\sin x = x - \frac{1}{3!}\,x^3 + \frac{1}{5!}\,x^5 - \frac{1}{7!}\,x^7 + \cdots + (-1)^n \frac{1}{(2n+1)!}\,x^{2n+1} + \cdots$$

$$\cos x = 1 - \frac{1}{2!}\,x^2 + \frac{1}{4!}\,x^4 - \frac{1}{6!}\,x^6 + \cdots + (-1)^n \frac{1}{(2n)!}\,x^{2n} + \cdots$$

という展開になります。これは、微分・積分の教科書に載っている三角関数のマクローリン展開とよばれる表し方です（第3章第2節参照）。

$$\tan x = \frac{\sin x}{\cos x}$$

$$= \frac{x - \frac{1}{3!}x^3 + \frac{1}{5!}x^5 - \frac{1}{7!}x^7 + \cdots + (-1)^n \frac{1}{(2n+1)!}x^{2n+1} + \cdots}{1 - \frac{1}{2!}x^2 + \frac{1}{4!}x^4 - \frac{1}{6!}x^6 + \cdots + (-1)^n \frac{1}{(2n)!}x^{2n} + \cdots}$$

という級数展開した等式が求められます。ランベルトはこの式から大変な作業をして、$\tan x$ の連分数展開を求めたのです。関数の連分数表現なので、連分数をつくるのは変数 x であり、数ではありません。その結果、ランベルトが得た定理は、

「x が 0 でない有理数とすると、$\tan x$ は無理数である」
というものでした。彼が一連の証明の中で使った手段の証明を厳密にし直したのが、フランスの数学者で、のちほど登場する「3L」の一人、アドリアン＝マリ・ルジャンドル（1752～1833）だったわけです。

　先ほどの定理を高校の教科書に載っている「対偶」に書き換えると、

「$\tan x$ が無理数でないならば、x は 0 でない有理数以外である」
ということになります。すると、

「$\tan \frac{\pi}{4} = 1$ で無理数ではない。ならば x は 0 でない有理数

以外である。つまり、$x = \frac{\pi}{4}$ は 0 でない有理数以外、すな

わち無理数ということになる」

現在ではもちろん、微分・積分などを使った、より見通しのよい証明がいろいろと知られています。ランベルトやルジャンドルの時代は、まだまだ大変な時代でした。彼らの計算力を考えると、いったいどんな頭脳をしていたのだろうと感嘆するばかりです。

4-2 オイラーのベルヌーイ数

●解と係数の関係

「平方数の逆数の総和はいくつになるか」という問題を「バーゼル問題」といいます。数学や物理の分野で傑出した成果を数多く残した天才一族・ベルヌーイ家の人たちがスイスのバーゼルで考えていたことから、バーゼル問題の名でよばれています。

$$\frac{1}{1^2} + \frac{1}{2^2} + \frac{1}{3^2} + \cdots$$

このような無限級数の和を「ベルヌーイ数」とよぶこともありますが、じつは、ベルヌーイ家の人たちには、この問題は解くことができませんでした。問題の解決に貢献したのは、やはりオイラーです。

まず、次のような2次方程式を考えてみましょう。

$$1 + bx + ax^2 = 0 \qquad (1)$$

この方程式の二つの解を α と β とします。この方程式に「解と係数の関係」を使うと、$x^2 + \frac{b}{a}x + \frac{1}{a} = 0$ ですから、

$$\alpha + \beta = -\frac{b}{a}, \quad \alpha\beta = \frac{1}{a}$$

という式になります。この方程式の解の逆数をとり、次に逆

数の和を求めると、x の 1 次の係数に −（マイナス）をつけたものになります。

$$\frac{1}{\alpha} + \frac{1}{\beta} = \frac{\alpha + \beta}{\alpha\beta} = \frac{-\dfrac{b}{a}}{\dfrac{1}{a}} = -b$$

　このことを知っていたオイラーは、この事実をさらに拡張していきます。

　一度、具体的な係数で計算してみましょう。

$$1 + 2x + 3x^2 = 0 \qquad (2)$$

　二つの解を α と β として解の逆数を考え、その和を計算します。

　(2) の解と係数の関係は、

$$\alpha + \beta = -\frac{2}{3}, \quad \alpha\beta = \frac{1}{3}$$

なので、先の式に代入すると、次のようになります。

$$\frac{1}{\alpha} + \frac{1}{\beta} = \frac{\alpha + \beta}{\alpha\beta} = \frac{-\dfrac{2}{3}}{\dfrac{1}{3}} = -2$$

解の逆数の和は、x の係数に − をつけた数になっています。

　続いて 3 次方程式の場合です。

$$ax^3 + bx^2 + cx + d = 0$$

という式の三つの解を α, β, γ とすると、解と係数の関係

は

$$\alpha + \beta + \gamma = -\frac{b}{a}, \ \alpha\beta + \beta\gamma + \gamma\alpha = \frac{c}{a}, \ \alpha\beta\gamma = -\frac{d}{a}$$

になります。この解と係数の関係を、$d = 1$ である3次方程式に使ってみます。さらに、解の逆数も考えます。

$$1 + cx + bx^2 + ax^3 = 0$$
$$\alpha + \beta + \gamma = -\frac{b}{a}, \quad \alpha\beta + \beta\gamma + \gamma\alpha = \frac{c}{a}, \quad \alpha\beta\gamma = -\frac{1}{a}$$
$$\frac{1}{\alpha} + \frac{1}{\beta} + \frac{1}{\gamma} = \frac{\alpha\beta + \beta\gamma + \gamma\alpha}{\alpha\beta\gamma}$$

解と係数の関係より、

$$\frac{1}{\alpha} + \frac{1}{\beta} + \frac{1}{\gamma} = \frac{\frac{c}{a}}{-\frac{1}{a}} = -c$$

と、x の項の係数に $-$ をつけた数になります。

●「数学界の二大巨人」の真骨頂

オイラーはこの事実を、無限の項をもつ級数を $= 0$ とおいた方程式に使いました。x の1次の項なら、項が無限にある方程式でも、すぐに見つけることができます。

前章では、ニュートンが見つけていた sin の展開公式、

$$\sin z = z - \frac{1}{3!}z^3 + \frac{1}{5!}z^5 - \frac{1}{7!}z^7 + \cdots + (-1)^n \frac{1}{(2n+1)!}z^{2n+1} + \cdots$$

について紹介しました。オイラーは、この無限級数に関する知識をもっていました。

$$\sin x = 0$$

という三角関数の方程式は、

$$0 = \sin z$$
$$= z - \frac{1}{3!}z^3 + \frac{1}{5!}z^5 - \frac{1}{7!}z^7 + \cdots + (-1)^n \frac{1}{(2n+1)!}z^{2n+1} + \cdots \quad (3)$$

とおいたことになります。右辺の無限級数の方程式をつくったと考えるわけです。この方程式の解は、高校でも習う三角方程式

$$\sin x = 0$$

の解です。sin が 0 になるところは、

$$0, \pm \pi, \pm 2\pi, \pm 3\pi, \pm 4\pi, \pm 5\pi, \cdots$$

となります。したがって、(3) を無限級数の方程式と見たときの解も同じになります。ここで、オイラーは非常に上手な変数の置き換えをしています。

$$z^2 = y$$

この置き換えで、

$$0 = z - \frac{1}{3!}zy + \frac{1}{5!}zy^2 - \frac{1}{7!}zy^3 + \cdots + (-1)^n \frac{1}{(2n+1)!}zy^n + \cdots (4)$$

となります。0 以外の解ならば、両辺を z で割った方程式も同じ解をもつことになります。y は z の 2 乗なので、y についての方程式の解は、z の方程式の解の 2 乗になります。

　y の方程式は （4）の両辺を z で割った方程式なので、次の方程式になります。

$$0 = 1 - \frac{1}{3!}y + \frac{1}{5!}y^2 - \frac{1}{7!}y^3 + \cdots + (-1)^n \frac{1}{(2n+1)!}y^n + \cdots (5)$$

この方程式の解は、z がもつ解の 2 乗です。したがって、（5）の解は、

$$y = \pi^2, (2\pi)^2, (3\pi)^2, \cdots$$

となります。ここで、先ほど確認した「解の逆数の和は、方程式の 1 乗の項がもつ係数に － をつけた数になる」ということを使います。式で表すと、

$$\frac{1}{\pi^2} + \frac{1}{(2\pi)^2} + \frac{1}{(3\pi)^2} + \frac{1}{(4\pi)^2} + \frac{1}{(5\pi)^2} + \cdots = -\left(-\frac{1}{3!}\right) = \frac{1}{3!}$$

となります。両辺に π の 2 乗をかけて、

$$\frac{1}{1^2} + \frac{1}{2^2} + \frac{1}{3^2} + \cdots = \frac{\pi^2}{3!} = \frac{\pi^2}{6}$$

となります。これでバーゼル問題が解けました。

　さらに、もっとさまざまなこのタイプの級数の和を求める

ことができます（先にも紹介したとおり、このタイプの級数の和を「ベルヌーイ数」とよぶこともあります）。

オイラーの方法は、現代的にいえば、より厳密な証明が必要です。しかし、前にも書いたとおり、論理的な証明よりも直感的なひらめきのほうが数学を進歩させることがあります。そして、オイラーのひらめきはその領域をさらに飛び越え、数学を進歩させるというよりも、数学の新しい分野をいくつも生み出すものでした。

オイラーについては、数学にはじまり、天文から物理にいたるまでさまざまな業績を残したカール・フリードリヒ・ガウス（1777〜1855）と並び称して「数学界の二大巨人」と讃えることがあります。オイラーはまさに、その敬称に恥じない大数学者といえるでしょう。

ところで、3次方程式が実数解をもつといっても、3次方程式の解の公式には複素数が必要となります。16世紀のイタリアで、本業は医師でありながら数学者としても活躍したジェロラモ・カルダーノ（1501〜1576）も、このことに気づいていました。

オイラーはさらに、当時は実数の範囲でしか考えていなかった関数を、複素数が変数となっている関数まで拡張して考えました。つまり、現在の複素関数論という分野を開拓したのも彼なのです。

4-3　数について

●「離散的」な自然数の性質

　私たちの身のまわりには、さまざまな数があります。

　ふだんは何気なく、いろいろなものの数を数えていますが、数える手段にも違いがあります。たとえば、ミカンは10個と数えるのに対し、お米は1升のように数えますね。意識することはあまりありませんが、一つずつ数えることが便利なものと、まとめてしか数えられないものとがあるわけです。

　もちろん、お米を一粒ずつ数えるのも不可能ではありませんが、かなり面倒でしょう。世の中には、「数えられるもの」と「数えられないもの」があります。本なら1冊2冊と数えられますが、水の場合はそうはいきません。全体の量で何リットルと量ります。

「数えられるもの」を数えるときに使う数を「自然数」といいます。自然数は、

　1, 2, 3, 4, 5, …

のように、個数を数えるときに使います。それぞれの数字がバラバラになっているのが、自然数の特徴です。数学の言葉を使えば、「離散的」という性質です。

　学校で習う自然数は1から始まりますが、数学では0から始まる自然数を考える人もいます。その理由は「単位元」ということを考えているからです。単位元とはなんでしょうか？

1という数は、別の数にかけても、その相手の数に変化を起こしません。このような数を単位元とよびます。より正確にいえば、自然数のかけ算についての単位元が1です。

　自然数にはもう一つの計算があります。足し算です。1から始まる自然数は、かけ算に関する単位元は存在しますが、足し算についての単位元は存在しません。なぜなら、自然数の足し算で単位元の役割を果たす数が0だからです。

　したがって、足し算の単位元をもつ自然数を考えるためには、0を加えて自然数をとらえることになります。

　本書では、1から始まる自然数を考えます。

　ここまで読んだところで、「自然数の計算は、足し算とかけ算だけじゃない！」という人もいるでしょう。そのとおり、引き算も割り算もあります。しかし、自然数の範囲で引き算や割り算をおこなうと、足し算やかけ算とは違うことが起こります。次の式を見てください。

$$2 - 5 = -3$$

　容易に理解できるように、引き算をしたときの答えは、必ずしも自然数の範囲には収まりません。割り算も同様です。たとえば、π の近似を与えてくれる分数

$$22 \div 7 = 3.14285714\cdots$$

のように、答えが自然数の範囲に収まらないものが存在します。

　「自然数＋自然数」は自然数です。このようなとき、「自然数は足し算について閉じている」といいます。同じように、「自然数×自然数」も自然数なので、「自然数はかけ算につい

ても閉じて」います。

●0とマイナスの数

　数学では、足し算やかけ算などの計算を「演算」とよび、数と演算の構造を考えます。演算に対して「閉じているのかどうか」「どのようにすれば閉じるようにできるか」、そのようなことを考えます。

　では、「自然数が引き算について閉じる」ためには、どうすればいいでしょうか。「自然数−自然数」は、先の例のように小さな自然数から大きな自然数を引くとマイナスの数が現れます。そこで、自然数に0とマイナスの数を入れて「整数」をつくります。

　このときの0は、ある数から同じ数を引いたときにできる答えです。10個あったミカンのうち、10個を食べたら残るミカンは0個。そのときの0です。位取りの書き方で使う0とは、意味合いが異なります。

　ここで少し、0とマイナスの数についてお話しします。数は大昔から、なんらかの現実のものを表すために使われてきました。長さとか面積とか、あるいはお金の多寡などを表してきました。

　お金なら赤字でマイナスの数となることもありますが、現実のものを表すたいていの場合には、正の数で事足ります。したがって長いあいだ、マイナスの数は不適切な数と考えられてきました。ルネサンスのころまで、方程式の解にマイナスの数が出てくると、不適切な解として捨てていたのです。

　実際に方程式を書く際も、マイナスの数は使いませんでした。現代の書き方であれば、

$$2x^2 - 5x + 2 = 0$$

と書くところを、

$$2x^2 + 2 = 5x$$

と書いていたのです。8〜9世紀アラビアの数学者、アル＝
クワリズミ（780?〜850?。アルゴリズムという言葉の語源
だとされる人です）は、この書き方をするため、2次方程式
をいくつかに分類しなければなりませんでした。

　マイナスの数に市民権を与えてくれたのは、デカルトと考
えるのが妥当でしょう。彼の考案した座標によって、マイナ
スの数にも実体が与えられたのです。

　では、0はどうでしょうか。

　前述のとおり、0という数字は、残りのミカンが0個のと
きの0を表すだけではありません。25、205、2005を区別す
るために使う0も重要です。たとえば、205の0は、10の
位には数はありませんという意味の0です。記号としての0
がない時代には、「2 5」のように10の位を空けて書いて
いました。

　この場合、「2 5」や「2　　5」とあったときに、片方は
205で、もう片方は2005であると、2と5のあいだの距離
で判断しなければいけません。人によって空ける距離が違う
こともあり、間違えやすい表記でした。

　「零の発見」というときの0は、「この位には何もありませ
ん」という場合に使う0です。そういう意味でも、位取り
に使われる0の登場は、数学史に画期をなす出来事でした。

　ここで再度、10進法や60進法などの位取り記数法につい

て確認しておきましょう。

$$235 = 2 \times 10^2 + 3 \times 10^1 + 5 \times 10^0$$

　上の表記が、10進法の書き方の意味でした。各位は、10の何乗がいくつあるかを表しています。10ごとに1桁、位が上がるので、各位には0から9までの数字が入ります。

　60進法の場合はどうでしょうか。60ごとに1桁、位が上がるので、各位には0から59までの数字が入ります。この点だけを比較しても、60進法を使いこなすのは大変そうです。そのため、ふだんの商いでは12進法を用いるなど、計算上の工夫を施していました。

　実際に、60進法で書かれた数字を10進法に書き直してみましょう。60進法の「1桁」ずつかっこをつけて、10進法の数字を使って表してみると、

$$(29)(56)(13) = 29 \times 60^2 + 56 \times 60^1 + 13 \times 60^0$$

となります。普段使いにはかなり面倒な表記法です。しかし、古代バビロニアの人たちは、三平方の定理を満たす数でさえ、60進法で計算していました。さらに、円周率の計算にも天体観測にも、60進法を使っていました。小数点以下の数字も、60進法で表していたのです。

　実際に、小数点以下の60進法を10進法に直してみましょう。

$$0.(29)(56)(13) = 29 \times \frac{1}{60^1} + 56 \times \frac{1}{60^2} + 13 \times \frac{1}{60^3}$$

このように書くと、それほど大変そうには見えないかもしれ

ません。しかし、60の2乗は3600です。分母に3600が入っているのですから、計算にはかなりの才能と熟練、そして根気が必要だったことがわかります。

●果たしてπは有理数か?

円周率に直接、関係する話をしていきましょう。

整数は、割り算に対して閉じていません。すなわち、割り算の結果が整数にならない場合があるのです。では、「割り算に対して閉じる」ためには、どのようにすればいいでしょうか?

整数に分数を加えた数が有理数です。ここまで範囲を広げれば、πはその仲間に入るのでしょうか。言い換えれば、「πは有理数か」という問題です。

有理数の特徴はなんでしょうか?　まずはこの点から考えてみましょう。

有理数は割り算の形をしていますから、割り切れる場合は小数点以下が途中で終わります。では、割り切れない場合はどうなるでしょうか。先ほど例に使った、πの近似を与えてくれる分数、$\dfrac{22}{7}$ を見てみましょう。

7で割るときの割り算の計算では、各回に余りが発生します。7で割ったときの余りは、0から6までの7種類ですべてです。したがって、8回割ると必ず同じ余りが出て、同じ商が立つことになります。

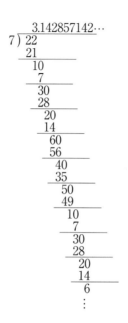

それ以降は、それまでと同じ割り算が繰り返され、同じ小数点以下の数字が繰り返し並ぶことになります。このような小数を「循環小数」とよびます。このことから、有理数は有限小数か循環小数になることがわかります。

ここでの例のように、７種の余りしか出現しないので、８回割ると同じ余りが必ず現れるという現象を「鳩の巣原理」とよびます。一般的にいえば、「n 個の鳩の巣があり、全体として $n + 1$ 羽の鳩がいれば、少なくとも一つの巣には２羽以上の鳩がいる」というかんたんな論法ですが、数学では便利に使われる論法です。

果たして π は、有理数の範疇に入るのでしょうか。オイラーの時代までに、π の近似値がかなりの桁数で求められました。その小数点以下の数字の並びを見ると、まるで繰り返すという予想が立ちません。

　そこで、多くの数学者たちが「π は有理数ではないのではないか」と考えはじめます。すなわち、「π は無理数である」という予想が立てられました。

　ところが、無理数については、ごくかんたんな無理数であっても、その性質はあまりよくわかっていません。たとえば2の平方根についても、小数点以下に5がどのくらいの確率で現れるかといったことでさえ、まったく不明なのです。

　そして、仮に有理数ではないにしても、「π は、何かわかりやすい数の平方根になっているのではないか」など、さまざまな疑問が湧き出てきたのです。

🔴 4-4 超越数とは何か

●代数方程式の解

　この本の中だけでもすでに何度か、私たちはオイラーがもつ数学への深い洞察力を目の当たりにしてきました。彼に始まる数学の分野は、大変な数に上ります。

　前述のとおり、オイラーは自然対数の底 e が無理数であることを証明しましたが、π が無理数であることは証明しませんでした。しかし、オイラーは "その先" を見ていたのです。

　π が無理数かどうかという問題については、多くの数学者が「きっと無理数だろう」と予測していました。オイラーはその先で、さらに新しい数について考えていました。それは、π が有理係数の有限次元代数方程式の解になるかどうか、という問題でした。

　代数方程式の解になるということは、n 次方程式の解であるということです。高校数学では、2 次方程式だけでなく、3 次方程式や 4 次方程式も解きます（もちろん、「解ける場合」の方程式を解くだけではありますが）。

　代数方程式はさらに、5 次、6 次と次数を上げていくことができますが、n 次の n は、有限の決まった自然数です。そして有理係数とは、n 次方程式に含まれる係数、すなわち、x の n 乗の前についている数と定数項が有理数であることを示しています。

$$a_n x^n + a_{n-1} x^{n-1} + a_{n-2} x^{n-2} + \cdots + a_1 x + a_0 = 0$$

この n 次方程式の x の k 乗の係数 $a_k (k = 1, 2, 3, \cdots, n)$ が、すべて有理数の場合を考えるということです。a_n 以外は、x の k 乗の係数は 0 でもかまいません（単にその項が存在しないだけなので）。ただし、a_n は 0 ではありません（0になると n 次方程式ではなくなるため）。

　この、有理係数 n 次元代数方程式の解にならない数を「超越数」とよびます。オイラーは、このような性質をもつ超越数の研究の先駆けでした。のちに、オイラーのつくり出した複素関数論の式が、π の超越性を示す決め手となっています。その式が、次に示すオイラーの公式です。

$$e^{ix} = \cos x + i \sin x$$

●ルジャンドルの予言

　π が超越数であると証明された流れを追っていきましょう。

　ランベルトとルジャンドルが、「π は無理数である」ということを証明したときのことです。ルジャンドルはすでに、「幾何学原理」という論文において、π が無理数であるというランベルトの証明を厳密にしていました。ルジャンドルはさらに、π^2 も無理数であることを証明し、次のようなことをいっています。

「π は代数的無理数ではないかもしれない」

　代数的な数とは、「超越数ではない」、すなわち有理係数の有限次元代数方程式の解になる数のことです。ルジャンドルは同時に、「π が代数的ではないという証明が非常に困難なのではないか」とも語っています。そして、彼のこの予想は当たっていました。ルジャンドルが難しいだろうと予想して

から実際に証明ができるまで、じつに88年もかかったのです。

　πが代数的ではないことを証明したのは、フランスの数学者であるシャルル・エルミート（1822〜1901）と、ドイツの数学者であるフェルディナント・フォン・リンデマン（1852〜1939）の二人でした。

　エルミートは、ポアンカレ予想で有名なアンリ・ポアンカレ（1854〜1912）の先生です。1873年、エルミートは0でないすべての有理数 r について、e^r は超越数であることを証明しました。ここでも背理法が活躍し、e^r が代数的数であると仮定して矛盾を導きました。

　エルミートはこの証明の後、「πにまでこの結果を拡張するつもりはない」といっています。同時に、「しかし、πの超越性が証明されたら、いちばん喜ぶのは私です」ともいっています。彼は、証明の困難さを誰よりも理解していたのでしょう。

●リンデマンの定理

　エルミートの証明から9年後の1882年、リンデマンがπは超越数であることを証明しました。その証明の最後には、前出のオイラーの公式が使われているのです。

　次の式について考えてみましょう。

$$ae^p + be^q + ce^r + \cdots \neq 0 \qquad (1)$$

　$a, b, c, \cdots$ は0でない有理数、$p, q, r, \cdots$ を自然数とします。e を x に変えると、等号が成立するときに有理係数の有限次元代数方程式になります。（1）式で「≠0」としたのは、超

越数の証明にこの式を使うからです。また、ここで a, b, c, …を 0 でない有理数としたのは、0 になると多項式のその部分がなくなるからです。

　エルミートの結果から、0 でないすべての有理数 r について e^r は超越数です。$r = 1$ とすると、e 自身も超越数になります。e は、有理係数の有限次元代数方程式の解にならないので、(1) 式が成立します。右辺は 0 にならないのです。

　リンデマンはこの結果を拡張し、「a, b, c,…と p, q, r,…を代数的な数で、必ずしも実数でなくてよい」としました。すなわち、有理係数の有限次元代数方程式の解ならば、複素数でもよいとしたのです。

　リンデマンの定理は、

　a, b, c,…は、少なくとも一つが 0 でない実数または複素数の代数的な数であり、p, q, r,…が相異なる実数または複素数の代数的な数であるとき、(1) 式

$$ae^p + be^q + ce^r + \cdots \neq 0$$

が成立するという定理でした。

　すると、オイラーの公式

$$e^{ix} = \cos x + i \sin x$$

で、$x = \pi$ とおくと、次のようになります。

$$e^{i\pi} = \cos \pi + i \sin \pi \quad \therefore e^{i\pi} = \cos \pi = -1 \quad \therefore e^{i\pi} + 1 = 0$$

　リンデマンの定理から、最後の式が成立するのは、$i\pi$ が超越数の場合しかありえません。もし $i\pi$ が代数的であれば、e ではこの式は 0 にならないというのが、リンデマンの

定理です。$i\pi$ が超越数であれば、i は代数的ですから、π は超越数でなければなりません。

　この結果、「π は超越数である」ということになります。オイラーがきっかけをつくり、最後の詰めではふたたび、オイラーの残した成果が功を奏しました。まさに偉大なオイラーの面目躍如です。

4-5 超越数の意味

●三つの作図問題

π の無限積での表現をつくったウォリスは、こんなことをいっています。

「分数ではなく、通常の方程式の根になる無理数や虚数でもなく、何か別の表現が必要だ」

すなわち、n 次方程式の根にはならない「超越数」ということをいっているわけです。

数学には、古代から続く三つの作図問題という大きな問題が存在しました。次の三つの問題を、定規とコンパスだけで作図できるかという問題です。

1. 立方体倍積問題（デロスの問題）

与えられた立方体の2倍の体積をもつ立方体の辺の長さを求める。言い換えると、$\sqrt[3]{2}$ の作図をする。

2. 角の三等分問題

任意に与えられた角の三等分線を作図する。

3. 円積問題

与えられた円と同じ面積をもつ正方形の辺の長さを作図する。言い換えると、$\sqrt{\pi}$ の作図をする。

上記の作図問題を考えるときには、定規とコンパスの使い

方に制限が加わります。

1. 定規は、2点を直線で結ぶためだけに使う
2. コンパスは、点と線分が与えられたときに、その点を中心に与えられた線分と同じ半径の円を描くためだけに使う
3. 作図の手順は有限回

単位となる1が与えられると、正の整数 n は作図できます。その長さをもとに正の分数 $\dfrac{m}{n}$ も作図できます。さらに、長さ l から $\sqrt{l}$ も作図できます。コンパスで長さを移すことができれば、足し算や引き算もできます。

つまり、上記の制限のもとで、単位の1から四則演算と平方根で求められる数は作図可能です。さらに、これ以外の数は作図できないことも証明されています。この事実から、有理係数の2次方程式の根になっているならば、それは作図可能な数です。

この三つの作図問題が解決するには、2200年の年月を要しました。その証明には、方程式の理論が重要な役割を果たしています。問題1と問題2は3次方程式の問題になり、最後の円積問題だけが2次方程式の問題です。したがって、円積問題は作図可能な気がします。

問題1と問題2に結論を出して、作図が不可能であることを証明したのは、ピエール・ヴァンツェル（1814～1848）というフランスの数学者でした。ヴァンツェルは、時間を気にせずに好きなだけ研究に打ち込み、睡眠をあまり取らず、食事も取りたいときにだけ取るという極端な研究生

活を送っていました。結婚後に妻となった女性がヴァンツェルの健康に気を遣ったときには、もう手遅れだったようで、彼は 33 歳の若さでこの世を去りました。

●「π＝超越数」がもたらした結論

　ヴァンツェルが 23 歳のときの成果が、最初の二つの問題に対する答えです。それは、方程式の解の公式に関する結果の応用として得られます。

　有理係数の 3 次方程式、

$$x^3 + ax^2 + bx + c = 0 \quad a,\ b,\ c は有理数$$

について考えましょう。

　この方程式は、有理数の解をもつときにのみ、作図可能な解をもつというのが、ヴァンツェルの結果です。有理数の解がないときには、作図可能な解はありません。

　問題 1、立方体の体積を 2 倍にするには、

$$x^3 - 2 = 0$$

の解が必要ですが、この方程式には有理数の解がありません。つまり、立方体倍積問題は作図不可能なのです。

　それでは、問題 2 の角の三等分問題はどうでしょうか。

$$3\theta = 60°$$

の場合を考えてみます。ここで、三倍角の公式を使います。加法定理から求めたのを覚えていらっしゃる人も多いのではないでしょうか。

$$\cos 3\theta = 4\cos^3\theta - 3\cos\theta$$

ここで

$$\theta = 20° \qquad x = \cos 20°$$

を代入すると、

$$\cos 60° = \frac{1}{2} = 4x^3 - 3x \qquad \therefore 8x^3 - 6x - 1 = 0$$

となります。この方程式にも、有理数の解はありません。つまり、60°という角は、定規とコンパスだけでは三等分できません。

　この二つの結果はヴァンツェルによって導かれたものですが、最後に円積問題が作図可能であるかどうかという問題が残りました。ここで、リンデマンの結果が意味をもちます。

　繰り返しますが、π は超越数です。すなわち、π は有理係数の有限次元代数方程式の解にはならず、作図不可能です。これで、円積問題にも結論が出ました。

4-6 ラプラスの考えたこと

●数学と政治・軍事の意外な関係

ピエール＝シモン・ラプラス（1749～1827）は、フラン
ス共和国が誕生した時代の優れた数学者です。興味深いこと
に、ラプラスの伝記作家でさえ彼を褒めないというほど、性
格に難のある人物だったことが伝えられています。

ラプラスはちょうどナポレオンが台頭してきた時代に生
き、当初はナポレオンと親しい間柄であったようです。ナポ
レオンはラプラスを国務大臣に任命しますが、わずか6週
間で解任しました。

ラプラスは、ナポレオンの人気が高かったときには自著で
褒めていますが、低迷すると非難する方向に転じています。
そんな彼の性格も、ラプラスに好意的でない伝記ばかりが書
かれていることにつながっているのでしょう。

ラプラスは国務大臣に任命されましたが、じつはフランス
の科学者には、政治に携わった経験をもつ人が少なくありま
せん。フランスの学者たちの系譜を見ると、かつての高校野
球を思い出します。あたかもエースピッチャーで四番打者を
務めるスター選手のように、学者としても政治家としても活
躍したという人が多数、見受けられるのです。

ラプラス以外にも、たとえば、フーリエ変換にその名を残
すジョゼフ・フーリエ（1768～1830）は、フランスの南東
部の街・グルノーブルを県都とするイゼール県の知事を務め
ました。彼もまたナポレオンの友人でしたが、ナポレオンの

失脚後は引きこもってしまいました。

　また、パンルヴェ方程式という微分方程式の名称の由来となった数学者、ポール・パンルヴェ（1863〜1933）は、第一次大戦中と戦後、首相にまで上り詰めた人物です。首相の激務をこなしながら、数学の研究も進めていました。私はパンルヴェの全集をもっていますが、分厚くて大きな本が4冊も含まれています。この全集を読むと、彼の数学の研究がきわめて高いレベルにあったことがわかります。

　フランス共和国の黎明期には、周囲の諸外国からフランスに対する軍事干渉がありました。その軍隊を蹴散らしたのは、国立研究所で幾何学の長であった、数学者のラザール・カルノー（1753〜1823）です。彼は数学者にして、かつ優れた軍人でした。数学者と軍人というと意外な組み合わせのように感じますが、かのデカルトもまた、優れた軍人だったようです。

　カルノーは、専制政治を追放すると、新たな専制政治を招く危険性があることに気づきました。その慧眼{けいがん}によって、まわりの人からは改革に反対する保守派に見えたため、追放されるという憂き目に遭っています。幾何学の長の後を継いだのは、新たな専制君主となるナポレオンでした。ナポレオンがなぜ、幾何学の研究部長に就任したのか、詳細はわかりません。

●3Lの登場──ラプラス、ラグランジュ、ルジャンドル

　ラプラスの生きた時代は、このような激動の時代でした。当時のフランスにはあと二人、優れた数学者がいました。ルイ・ラグランジュ（1736〜1813）とアドリアン＝マリ・ル

ジャンドル（1752〜1833）です。ラプラスとあわせて、「3L」と称される大数学者でした。

　この三人の名前は、数学のさまざまな分野で登場します。前述のように、ルジャンドルは π の重要な性質の証明に関わりました。彼らが活躍した時代には、それ以前とはまったく異なる π の計算法が生まれました。それは、現代科学にも大きな影響を与えています。

　3L より少し早く生まれた世代に、優れた数学者であったビュフォン卿がいました。本名はジョルジュ＝ルイ・ルクレール（1707〜1788）といいます。1777年に彼が考案し、自ら答えを出した問題（実験）があります。

　長さ l の針があるとします。この針を何も考えずに床に落とします。床には d という間隔で平行線が引いてあります。針が落ちたときに、平行に引かれた直線と針が交わる確率はいくつになるかという問題です。

「何も考えずに」ということは、確率の言葉でいえば「ランダムに」あるいは「無作為に」針を落とすことを意味しています。別の言い方をすれば、針の中心がどこに落ちても、針の向きがどうなっても同じ確率をもつということです。

　針と直線が交わる確率を具体的に調べてみましょう。針の中心といちばん近くにある直線との距離を x とします。針と直線とがつくる角を θ とします（図4-2）。

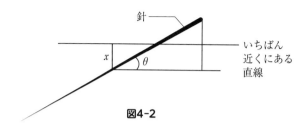

図4-2

この問題では、針の長さ l と直線の幅 d が等しい状態を考えましょう。そこで、最初から $l = d$ としておきます。針と直線が交点をもつ条件は、図4-2の sin を使った式で、

$$x < \frac{1}{2} l \sin\theta \qquad (1)$$

と表せます。こうなる確率 P を、ふつうに使う表現では、

$$P\left(x < \frac{1}{2} l \sin\theta\right)$$

と書きます。確率 P は、どのように計算できるでしょうか。変数は x と θ の二つです。この二つの変数の動ける範囲は、

$$0 < x < \frac{1}{2} l, \quad 0 < \theta < \pi$$

です。その範囲を示す長方形の面積は、

$$\frac{1}{2} l\pi$$

です。針と直線が交わる場合を表す不等式は

$$x < \frac{1}{2} l \sin \theta$$

でした。この領域の面積とは、すなわち曲線

$$y = \frac{1}{2} l \sin \theta$$

の下側にある面積です。その面積は、積分 $\int_0^\pi \frac{1}{2} l \sin \theta d\theta$ で表すことができます。これで P がわかります。P は、長方形の面積に対するこの曲線の下側の面積の比です。

$$\begin{aligned}
\int_0^\pi \frac{1}{2} l \sin \theta d\theta &= \frac{1}{2} l [-\cos \theta]_0^\pi \\
&= \frac{1}{2} l (-\cos \pi + \cos 0) \\
&= \frac{1}{2} l \times 2 = l \\
P &= \frac{l}{\frac{1}{2} l \pi} = \frac{2}{\pi} \\
\pi &= \frac{2}{P} \qquad (2)
\end{aligned}$$

　ここで上側の式が、ビュフォンの問題の答えとなる確率です。この式を下側の式に変形すると、形の上では π を求める式になります。ビュフォンはこの式を求めていましたが、その後、忘れ去られていました。
　それを35年後に発見したのが、ラプラスでした。ラプラ

スはさらに、従来の発想をまったく変える考え方を思いついたのです。

●積分を使わずに確率を求める

ラプラスの着想とはなんでしょうか。

ビュフォンの式から確率 P を求めれば、π を求めることができます。しかし、ビュフォンは、積分を使って確率 P を求めていました。では、積分を使わずに、先に確率 P を求めることはできるでしょうか。

ヒントは、先ほどの x と θ の決め方にあります。この問題はもともと、針を「何も考えずに」「ランダムに」落とし、針が直線と交わる確率 P を求めるというものです。その確率 P は、曲線

$$y = \frac{1}{2}\,l\sin\theta$$

の下側の面積と長方形の面積との比です。したがって、この面積比を求めることができれば、確率 P が求められ、π の近似値がわかる、という手順になってきます。

であるならば、実際に針を床に落として、確率 P の近似値を出せばいいわけです。しかし、何度も針を落とすのは大変な作業です。

そこでラプラスが考えたのは、x と θ の値を無作為に選びつづければ、π の近似値が求められるということです。現在なら、「乱数」という規則なく並んだ数をコンピュータでつくることができます。その乱数で x と θ を決めて、針を落としたすべての回数のうち、針と直線が何回交わるかを調べま

す。すなわち、全体の中で何%の x と θ が不等式

$$x < \frac{1}{2}\, l \sin\theta$$

を満たすかがわかれば、P がわかります。

　そしてその結果、乱数から π の近似値を求められるということになります。このような乱数を使った実験を「思考実験」とよびます。ラプラスの考えた発想は、彼の時代には現実的ではありませんでした。しかし、現代のコンピュータを使えば、いろいろな応用が可能です。たとえば、原子炉の中の核反応を思考実験でつくり出すことができます。

　本節の冒頭でも紹介したように、人間性の面ではあまり評判の良くないラプラスですが、大きな業績を天体力学や確率論などに残しています。大学の理系学部で学んだ経験のある人で、「ラプラス変換」という微分方程式の解法に使う手段を聞いたことのない人はいないでしょう。

　ラプラスの言葉として印象的なものに、次のものがあります。

「オイラーを読め。彼はすべての師である」

　ラプラスは決して、プライドが高いだけの人ではなかったのではないでしょうか。この言葉を見るたびに、そう感じるのです。

第5章

31兆桁を超えるπの世界

——「コンピュータの能力競争」時代の嘘

3.14

159265358979323846264338327950
2884197169399375105820974944592
3078164062862089986280348253421
1706798214808651328230664709384
4609550582231725359408128481117
45028410270193852110555964462294895493038196442881097566593
34461284756482337867831652712019091456485669234603486104543
26648213393607260249141273724587006606315588174881520920962
82925409171536436789259036001133053054882046652138414695194
15116094330572703657595919530921861173819326117931051185480
74462379962749567351885752724891227938183011949129833673362
44065664308602139494639522473719070217986094370270539217176
29317676253846748184676694051320005681271452635608277857713
42757789609173637178721468440901224953430146549585371050792
27968925892354201995611212902196086403441815981362977477130
99605187072113499999983729780499510597317328160963185950244
59455346908302642522308253344685035261931188171010003137838
75288658753320838142061717766914730359825349042875546873115
95628638823537875937519577818577805321712268066130019278766
11195909216420198938095257201065485863278865936153381827968
23030195203530185296899577362259941389124972177528347913151
55748572424541506959508295331168617278558890750983817546374
64939319255060400927701671139009848824012858361603563707660
10471018194295559619894676783744944825537977472684710404753
46462080446684259069417129331367702898915210475216205696602
40580381501935112533824300355876402474964732639141992726042
69922796782354781636009341721641219924586315030286182974555
06706749838505494588586926995690927210797509302955321165344
98720275596023648066549911988183479775536369807426542527862
55181841757467289097777279380008164706001614524919217321721
47723501409441973568548161361157352552133475741849468438523
32390739414133454477624168625189835694855620992192221842725
50254236887671790494601653466804988627232791786085784383827
96797668145410095388378636095068006422512520511739298489608
412848862694560424196528502221066118630674442786220391949450
47123

5-1 31兆4000億桁の世界

●ある日本人女性の快挙

2019 年 3 月 15 日——。

イギリス・BBC は、ある日本人女性が快挙を成し遂げたことを大々的に報じました。Google に勤める女性技術者・岩尾エマはるかが、π の値をなんと 31 兆 4000 億桁まで計算して、世界記録を更新したというニュースです。

Google は π = 3.14 にちなみ、3 月 14 日にこの結果を発表しました。それまでの世界記録は約 22 兆桁だったので、この新たな近似値は文字どおりの大進歩です。31 兆 4000 億桁を読み上げるには、1 秒に 3 桁として、じつに 33 万 2064 年かかるというのですから、この記録のすさまじさには驚くばかりです。

いったい誰が、これほど精密な π の近似値を使いうるのか——実用の面からは、少々疑問が湧きますが、円周率という数字が、私たち人類をいかに魅了してきたか、否、いまなお魅了しているかを如実に物語る事実だといえるでしょう。

はるかな古代文明から始まった π の近似値を求める探求が、現在でも熾烈な桁数競争を促していることにふしぎな感覚を覚えます。現在の競争の主役は、いうまでもなくコンピュータです。

●ENIACの記録

コンピュータを用いて、円周率の計算を初めておこなった

のは、第二次世界大戦後のことです。1949 年 9 月、アメリカの弾道研究所のコンピュータ「ENIAC（Electronic Numerical Integrator and Computer）」が、2037 桁までを 70 時間かけて計算しました（図 5-1）。

図5-1　ENIACの制御パネルを操作する女性たち

　第二次世界大戦時は、コンピュータの開発が加速した時代です。大砲の弾道計算をおこなうために、高速計算ができるコンピュータが要求されました。大砲を的確に使用するためには、その大砲の特性を細かく表した数表が必要です。その数表を使って、少しでも早く大砲を設定することが、戦況を左右する時代でした。

　風速や地形を考慮に入れなければならず、同時に、火薬の量を計算する必要もありました。じつは、大砲の砲弾はあらかじめ火薬の量が決まっているのではなく、敵との距離などの諸条件を計算して調整するのです。

　大砲を撃つとき、最初から敵を直撃することはそれほど多くありません。撃ってしまえば、敵に発射位置を察知されます。そうなると、こんどは敵が、こちらの陣地を狙って大砲

を設定してくるので、相手が撃つより前に第2弾を発射できるよう、すぐさま計算を修正可能な正確な数表をつくる必要があったのです。

　高速計算機が要求されたゆえんです。他にも、たとえば原子爆弾の設計のためにも高速計算機が必要とされましたが、現実には、電子計算機の登場はどちらの計算にも間に合いませんでした。

　しかし、この期間の研究の蓄積が、第二次世界大戦後の電子計算機の著しい発展につながっていきます。

●マチンの公式

　ENIACで π の計算をしたのは、弾道研究所に所属していた数学者、ジョージ・ライトウィーズナーです。そのプログラムは、マチンの公式でつくられていました。

　マチンの公式とは、次の式です。

$$\pi = 16\arctan\frac{1}{5} - 4\arctan\frac{1}{239}$$

　この公式は、第3章で登場したグレゴリー級数の収束の遅さを改良するために、イギリスの天文学者、ジョン・マチン（1685～1751）が1706年につくったものです。マチンの公式は、さまざまなところで使われています。

　1949年のENIACで計算した結果がマチンの公式を使っているというのも、この式が優れている証拠といえるでしょう。実際、つくられてから240年も後の、最新機器による計算に使われているという事実は、驚くべきことです。見方によっては、円周率の計算方法がオイラー以降あまり進歩し

ていない、ということなのかもしれません。

　円周率を手計算した人物としては、イギリスの在野の数学者、ウィリアム・シャンクス（1812〜1882）が有名ですが、彼もまたマチンの公式を使っていました。シャンクスは1873年、πを707桁まで計算しますが、528桁目に間違いがありました。この誤りは1944年、D・F・ファーガソンという人物が卓上計算機を使って計算し、間違いを見つけています。

　ENIACは、シャンクスが生涯をかけた計算の約4倍もの桁数を、わずか70時間で達成したことになります。

　ちなみに、シャンクスの計算の間違いを指摘したファーガソンは、手動の計算機で540桁まで計算をしていました。ファーガソンが到達したこの桁数までが、手計算による円周率の近似値の到達点といっていいと思います。

　もちろん、手計算による結果には間違えが多いのですが、円周率の近似値に速く近づくために、数学的にさまざまな工夫を凝らしています。そのような彼らの試行錯誤は、円周率の計算のみならず、数学そのものにも大きな進歩をもたらしました。それはまた、電子計算機時代のπの計算にあたっても、多大な影響を及ぼしたのです。

●フォン・ノイマンの発想

　ENIACは、コンピュータ黎明期の真空管を使った電子計算機でした。その製作には、ハンガリー生まれのアメリカの数学者、フォン・ノイマン（1903〜1957）も関わっています。ENIACは1万8000本もの真空管を使い、150キロワットもの電力を消費する、重さ30トンの巨大な機械でし

た。あまりの大きさに、完成した時点では誰も動くとは思わなかったという逸話が残されているほどです。

第二次世界大戦の開戦前から、弾道計算をおこなうために、さまざまなコンピュータが開発されていました。最初は、リレーという電話回線をつなげるための機械を使った「リレー式計算機」でした。原爆をつくるためのコンピュータも開発されていましたが、結局は原爆の開発までに間に合いませんでした。

コンピュータといっても現在のものとは実像はかなり異なり、パンチカードを使って計算をおこない、手計算でその結果を確かめることの繰り返しでした。手計算をする人はほとんど女性だったようで、211ページ図5-1にも当時のようすが写されています。もともとは彼女たちのように、計算をおこなう人を「コンピュータ(計算手)」とよんでいました。現在では、電子計算機そのものの呼称になっています。

ENIACでプログラムを組むときには、配線を組み替える必要がありました。その作業には、3日以上もかかることがあったといわれています。そのような準備をしてもなお、プログラムが実際に動くのは1時間ほどということもありました。

これを改良するためにノイマンが考え出したのが、「ストアードプログラム(プログラム内蔵)方式」という概念です。これがすなわち、私たちが現在、日々使っているコンピュータに実装されているシステムです。コンピュータにあらかじめ、コンピュータ言語による命令を組み込んでおき、その言語の文法に合わせて、使用者が実行させたい内容を指示していく方法で、「ノイマンズコンセプト」ともよばれてい

ます。

●計算の本質は変わらない

　ENIAC による π の計算に用いられた、マチンの公式を詳しく見てみましょう。初めは、グレゴリー級数から始まります。

$$\arctan x = x - \frac{x^3}{3} + \frac{x^5}{5} - \frac{x^7}{7} + \cdots$$

　この級数の収束が遅いことは、第 3 章でも紹介しました。この収束の遅さを改良したのがマチンです。マチンは、きわめて巧みな方法を使っています。まず、

$$\tan \theta = \frac{1}{5}$$

とします。tan の加法定理は、

$$\tan(\alpha + \beta) = \frac{\tan \alpha + \tan \beta}{1 - \tan \alpha \tan \beta}$$

なので、これから倍角の公式をつくります。
　$\alpha = \beta$ とすると、

$$\tan 2\alpha = \frac{2 \tan \alpha}{1 - \tan^2 \alpha}$$

です。また、

$$\tan(-x) = -\tan x$$

に注意しておきます。これは、tan のグラフが原点に関して対称であることからわかります。この式を使うと、もう一つの加法定理である

$$\tan\left(\alpha-\beta\right)=\tan\left(\alpha+\left(-\beta\right)\right)$$
$$=\frac{\tan\alpha+\tan\left(-\beta\right)}{1-\tan\alpha\tan\left(-\beta\right)}=\frac{\tan\alpha-\tan\beta}{1+\tan\alpha\tan\beta}$$

をつくることができます。

$\tan\theta=\dfrac{1}{5}$ に戻って、

$$\tan 2\theta=\frac{2\tan\theta}{1-\tan^2\theta}=\frac{\dfrac{2}{5}}{1-\dfrac{1}{25}}=\frac{5}{12}$$

$$\tan 4\theta=\frac{2\tan 2\theta}{1-\tan^2 2\theta}=\frac{\dfrac{5}{6}}{1-\dfrac{25}{144}}=\frac{120}{119}$$

この数は、1 との差が $\dfrac{1}{119}$ あるだけです。

tan の $\dfrac{\pi}{4}$ の値は 1 です。tan の逆関数が arctan なので、

arctan の 1 のときの値は $\dfrac{\pi}{4}$ です。マチンは、1 の arctan

が $\dfrac{\pi}{4}$ であることをうまく使って、$\dfrac{\pi}{4}$ と 4θ の近さを利用した収束の速い級数をつくりました。

$$\tan\frac{\pi}{4}=1, \quad \arctan 1=\frac{\pi}{4}$$

$$\tan\left(4\theta-\frac{\pi}{4}\right)=\frac{\tan 4\theta-\tan\dfrac{\pi}{4}}{1+\tan 4\theta\tan\dfrac{\pi}{4}}=\frac{\tan 4\theta-1}{\tan 4\theta+1}$$

$$=\frac{\dfrac{120}{119}-1}{\dfrac{120}{119}+1}=\frac{1}{239}$$

この式を arctan を使って書くと、

$\tan\theta=\dfrac{1}{5}$ より $\theta=\arctan\dfrac{1}{5}$ も使って、

$$\arctan\frac{1}{239}=4\theta-\frac{\pi}{4}=4\arctan\frac{1}{5}-\frac{\pi}{4}$$

$$\frac{\pi}{4}=4\arctan\frac{1}{5}-\arctan\frac{1}{239}$$

両辺に 4 をかければ

$$\pi=16\arctan\frac{1}{5}-4\arctan\frac{1}{239}$$

となって、212 ページで示したマチンの公式になります。こ

の式の二つの arctan に、グレゴリー級数を使います。

$$x = \frac{1}{5} \ \text{と} \ x = \frac{1}{239}$$

をグレゴリー級数に代入して、マチンの得た式は、

$$\frac{\pi}{4} = 4\left(\frac{1}{5} - \frac{1}{3 \cdot 5^3} + \frac{1}{5 \cdot 5^5} - \cdots\right) - \left(\frac{1}{239} - \frac{1}{3 \cdot 239^3} + \frac{1}{5 \cdot 239^5} - \cdots\right)$$

です。この式から、マチンは 100 桁の π の近似値を得ました。この式の最初のかっこの中にある

$$\frac{1}{5}, \frac{1}{5^3}, \frac{1}{5^5}, \cdots$$

の列は、0.04 の何乗かで小さくなりますし、二つめのかっこの中は $\frac{1}{239^2}$ の何乗かで小さくなります。このしくみによって、本当の π の値にきわめて早く近づいていくのがわかります。

　グレゴリー級数に対するマチンの改良方法からは、彼の計算に対する鋭い感性を感じとることができます。なにしろ、1706 年につくられた式が、1949 年になってふたたび使われているのです。

　たとえ計算が人の手から離れ、コンピュータによっておこなわれるようになったといっても、その本質は変わっていないことがよくわかるエピソードです。コンピュータを使うときに、その力を最大限に発揮させるためには、最後には人間の力が必要だということでしょう。

　微分・積分を使った円周率の近似は、「オイラーまでにほ
ぼ完成された」といわれることがありますが、素直にうなず
ける言葉です。

5-2 次々に破られる記録

●1万桁を突破！

　ここからは、コンピュータの時代、電子計算機の時代に入って以降の円周率の計算競争を見てみましょう。

　1954年11月と翌1955年1月に、アメリカ・バージニア州のダールグレン海軍試験場で、IBMがつくったコンピュータ、NORC（Naval Ordnance Research Calculator）が3089桁までの円周率を、わずか13分で計算しました。このコンピュータを製作したのは、アメリカの天文学者、ウォーレス・ジョン・エッカート（1902～1971）です。エッカートは、IBMの研究部門の基礎をつくったといっても過言ではない人物です。

　NORCは、ENIACと同じく真空管を用いたコンピュータですが、磁気コアメモリを搭載するなど、以降のIBMのコンピュータに大きな影響を与える技術が使われていました。

　1957年3月、ロンドンのフェランチ計算センターのペガサスコンピュータが33時間をかけて1万21桁まで計算しましたが、計算エラーがあり、実際には7480桁までしか正確ではありませんでした。

　翌1958年7月には、フランソワ・ジェニューイがパリ・データ処理センターのIBM704を使って、マチンの公式とグレゴリー級数を組み合わせる計算方法によって、1時間40分で1万桁まで計算します。

　さらに、その翌年の1959年7月に、パリ原子力エネルギ

ー委員会の IBM704 で同じプログラムを使うことによって、4時間18分をかけて1万6167桁まで計算されました。

●10万桁を突破!

わずか数年間で飛躍的に桁数を伸ばした時代ですが、じつは、このころにはすでにコンピュータの記憶容量は限界に達しており、より長い時間を使い、お金をかけて計算するという作業では、限界が見えていました。

1961年7月、ダニエル・シャンクスとジョン・レンチが、所要時間を20分の1ほどに短縮する計算方法を開発します。IBM のデータ処理センターにあったコンピュータ、IBM7090 の性能が高かったことも原因の一つですが、計算プログラミングにも工夫を施しています。

その工夫とは、1896年にノルウェーの数学者でオーロラの研究者でもあったフレドリック・ステルメル（1874〜1957）が発見した公式

$$\frac{\pi}{4} = 6\arctan\frac{1}{8} + 2\arctan\frac{1}{57} + \arctan\frac{1}{239}$$

を応用するものでした。シャンクスとレンチは10万265桁まで求めて、計算時間は8時間を超えていたといわれています。

このような計算では、必ず確認のための検算をしなければなりません。検算には、次に示すガウスの公式

$$\frac{\pi}{4} = 12\arctan\frac{1}{18} + 8\arctan\frac{1}{57} - 5\arctan\frac{1}{239}$$

を使いました。

●50万桁を突破！

1966年には、パリ原子力エネルギー委員会が所有していた IBM7030 を使って、25万桁まで計算されます。

同委員会ではさらに、スーパーコンピュータの先駆けとして知られたコントロール・データ・コーポレーション（CDC）製の CDC6600 を使って、1967年に50万桁まで到達しています。

彼らもまた、ステルメルの公式を用いており、計算に要した時間は28時間10分、検算にも16時間35分を費やしました。

コンピュータを使って π の近似計算をするようになっても、科学者たちはそれぞれに計算法を工夫しています。これから後も、さまざまな計算法がつくられていくのでしょう。そしてそれは、1800年代につくられた公式の改良版であったりするわけです。手計算時代の工夫が、現代のコンピュータによる計算でも使われるということに、学問の本質がひそんでいるような気がします。

さて、ステルメルの後にも、新たな計算法や式がつくられています。

1910年には、インドの数学者、シュリニヴァーサ・ラマヌジャン（1887〜1920）が、新しい π の級数表示を発見しています。

$$\frac{1}{\pi} = \frac{2\sqrt{2}}{9801} \sum_{k=0}^{\infty} \frac{(4k)!(1103 + 26390k)}{k!^4 \, 396^{4k}}$$

　ふしぎなことに、この級数表示には証明が付されていませんでした。証明ができるより前に、この公式を使ってπの近似値を求め、ラマヌジャンが正しかったことを証明した人物がいます。アメリカの数学者、ウィリアム・ゴスパー（1943〜）です。1985年にπの計算をすることにより、この近似公式の有用性を証明しました。ラマヌジャンの級数表示の実際の証明は1987年、ジョナサンとピーターのボールウェイン兄弟によって完成しています。

　近似値の桁数が上がってくると、新たにわかってくるπの性質もあります。

　πは無理数で、1や2などの各数が小数点以下にどのような頻度で出てくるかさえわかっていません。しかし、近似値が万の単位を超えるような桁数まで求められるようになると、円周率に現れる数の確率がわかってきます。

　1万6000桁までを解析した結果では、1〜0の各数がほぼ $\frac{1}{10}$ で現れることがわかってきました。

5-3 もっと精緻に！

●100万桁時代の到来 ── 日本人の活躍

　桁数の競争に話を戻しましょう。

　1973年には、ついに100万桁時代が到来しました。ジャン・ギューとマルティーヌ・ブイエがCDC7600を使って、100万1250桁まで計算したのです。

　CDC7600は、アメリカの電気工学者で「スーパーコンピュータの父」といわれるシーモア・クレイ（1925〜1996）が設計したコンピュータです。先に登場したCDC6600の後継機で、1969年から1976年にかけて、世界最速のコンピュータといわれていました。このコンピュータの後継機が、スーパーコンピュータ「Cray-1」です。

　この時期にいたっても、さらに新しい計算法が開発されています。1973年には、ユージン・サラミンとリチャード・ブレントが、それぞれ独立に新しいアルゴリズムを発見しました。彼らの方法は、算術幾何平均を使った計算法でした。

　算術平均と幾何平均は、高校数学で習う基本的な不等式です。この二つの不等式を組み合わせた数列は収束が速く、数値解析に応用されることがあります。1回のステップで、2回分のステップをすることと同じ価値がある数列がつくれます。「楕円積分」という大学レベルの解析学でも必要な計算方法です。

　この計算方法を使って、1982年に日本の国立天文台電波研究部に所属していた田村良明が209万7144桁まで計算し

ました。使われたコンピュータは、三菱電機が開発した
MELCOM900 II でした。同じ年に、田村と金田康正の二人
が日立製作所の HITAC M-280 を使って、419万4288桁ま
で計算を進めます。やがてその記録をさらに伸ばし、838万
8576桁まで計算しました。金田康正は東京大学名誉教授で、
円周率計算ソフト「スーパーπ」で有名です。

　日本の研究者の貢献が多いのは、優れたコンピュータを製
作していたのと、数値解析に優れた能力をもっていたためと
考えられます。

●1000万桁を突破！

　1983年には、金田康正と筑波大学の吉野さやかが、日立
製作所の HITAC M-280 を使って、1677万7206桁まで計
算します。同じ年に、日立製作所の後保範と金田康正が、
日立製作所初のスーパーコンピュータ・HITAC S-810/20
とガウスの公式を使って、1001万3395桁まで計算しまし
た。先にも登場したように、ガウスの公式は、

$$\frac{\pi}{4} = 12\arctan\frac{1}{18} + 8\arctan\frac{1}{57} - 5\arctan\frac{1}{239}$$

で表されるアルゴリズムで、マチンの公式に似ています。マ
チンの式は、円周率の計算において本質的なものを備えてい

るのでしょう。そのポイントは、$\dfrac{1}{239}$ です。

　この1983年という年にはもう一つ、注目される計算結果
がもたらされています。若松登志樹がパソコンを使って、非
常に良い近似値の結果を得たのです。

シャープのパソコン MZ-80B を使い、ガウスの公式によって、7 万 1508 桁まで計算しました。若松登志樹はこの後も、パソコンで良い結果を出していきます。

●数学史上に輝く年

数学史において、1985 年は注目する結果が出た年です。先にも述べたように、ラマヌジャンが得た π の近似式を使って、実際に π の近似値が求められました。ラマヌジャンの予想が正しかったことが判明したのです。

ラマヌジャンの近似式で計算したのは、世界的なハッカーとしても知られているウィリアム・ゴスパーです。1752 万6200 桁まで計算しました。当時はまだ、ラマヌジャンの式の数学的な証明はできていませんでした。すなわち、それに依拠するゴスパーの結果は、正しいかどうかが判定できないことになります。

しかし、ゴスパーの結果は、それまでに得られている π の近似値と一致していました。つまり、ゴスパーの計算は、ラマヌジャンの結果が正しかったことを実験的に確かめるものとなったのです。

●10億桁を競い合う

1989 年には、米国のエンジニアで数学者、チュドノフスキー兄弟と、金田康正・田村良明とのあいだで、π の近似値競争が繰り広げられました。まず、5 月にチュドノフスキー兄弟が 4 億 8000 万桁まで計算すると、7 月には金田と田村によって 5 億 3687 万 898 桁まで求められました。

翌 8 月にチュドノフスキー兄弟が 10 億 1119 万 6691 桁ま

で計算して再度、日本チームを追い抜くと、こんどは11月に金田・田村ペアが10億7374万1799桁まで計算して巻き返したのです。

一方、翌年の1990年には、パソコンの達人・若松登志樹が、ふたたび記録を伸ばします。富士通のパソコンFM-TOWNSとステルメルの公式を使って、100万118桁まで計算しました。ステルメルの公式は、次のとおりです。

$$\frac{\pi}{4} = 6\arctan\frac{1}{8} + 2\arctan\frac{1}{57} + \arctan\frac{1}{239}$$

πの近似公式は、この後も発見・改良されていきます。コンピュータの能力が発展するとともに、近似公式の改良で、πの近似値は文字どおり桁外れに進歩していきます。

1994年には、日本の金田・田村ペアと熾烈なπの近似値競争をしていたチュドノフスキー兄弟によって、級数

$$\frac{1}{\pi} = 12\sum_{k=0}^{\infty}\frac{(-1)^k(6k)!(13591409+545140134k)}{(3k)!\,k!^3\,640320^{3k+\frac{3}{2}}}$$

が発見されました。

●画期的な級数

翌1995年には、カナダのサイモン・フレーザー大学でも、注目される級数が発見されました。デビッド・ベイリーとピーター・ボールウェイン、サイモン・プラウフの研究チームが発見したのは、次の画期的な級数でした。

$$\pi = \sum_{k=0}^{\infty} \frac{1}{16^k} \left(\frac{4}{8k+1} - \frac{2}{8k+4} - \frac{1}{8k+5} - \frac{1}{8k+6} \right)$$

この級数のどこが画期的かというと、この式は 2 進法または 16 進法で計算すると、$(n-1)$ 桁までを求めなくても、n 桁目が求められるのです。10 進法のような別の位取り記数法では、この性質をもつ級数は発見されていません。一方で、存在しないということも証明されていない、ふしぎな級数なのです。

π を起点に、このようなふしぎな事実が現れることも、この数のもっている個性の一つなのかもしれません。

そして、この級数がまた、π の近似桁数を伸ばしていきます。

1997 年に、金田康正と筑波大学の高橋大介が HITACHI SR2201 と、次に示すボールウェインの 4 次収束アルゴリズムを使って、515 億 3960 万桁まで計算します。ボールウェインの 4 次収束アルゴリズムとは、次の式で表されるものです。

$$\frac{\pi}{4} = 176 \arctan \frac{1}{57} + 28 \arctan \frac{1}{239}$$
$$- 48 \arctan \frac{1}{682} + 96 \arctan \frac{1}{12943}$$

●1兆桁の大台へ

1999 年にはさらに、金田康正と高橋大介が HITACHI SR8000 を使って、ガウス – ルジャンドル法

$$\frac{\pi}{4} = 48 \arctan \frac{1}{49} + 128 \arctan \frac{1}{57}$$
$$+ 20 \arctan \frac{1}{239} + 48 \arctan \frac{1}{110443}$$

で計算し、2061億5843万桁まで求めました。検算には、ボールウェインの4次収束アルゴリズムが用いられています。

2002年には、金田康正がHITACHI SR8000を用い、神奈川県の高校教諭だった高野喜久雄による公式

$$\frac{\pi}{4} = 12 \arctan \frac{1}{49} + 32 \arctan \frac{1}{57}$$
$$- 5 \arctan \frac{1}{239} + 12 \arctan \frac{1}{110443}$$

を使って、1兆2411億桁まで計算しました。

円周率πの桁数追求競争は、ついに1兆桁の大台に到達したのです。

●2000年代の躍進

2009年8月、高橋大介はT2K筑波システムを使って2兆5769億8037万桁まで計算し、新たな世界記録を樹立しました。検算まで含めると、73時間も要する大仕事でした。

同じ年の12月には、Intel Core i7を搭載したデスクトップパソコンが活躍します。フランスのファブリス・ベラールがチュドノフスキーの級数を使って、2兆6999億9999万桁まで求め、わずか4ヵ月で世界記録を塗り替えます。こちらは、検算を含め、131日間を費やしました。

2010年には、ふたたびパソコンが活躍します。日本の会社員・近藤茂とアメリカのアレクサンダー・イーが3ヵ月を

かけて、5兆桁まで計算しました。この二人はさらに、2011年に1年1ヵ月をかけて、やはりパソコンで10兆桁まで到達します。2013年には、94日間で12兆1000億桁まで計算したと発表しました。

　2014年には、ワークステーションでの結果が出ます。サンドン・ナッシュ・ヴァン・ネスが208日をかけて、13兆3000億桁まで計算しました。ここまでくると、大型コンピュータよりパソコンが活躍するという様相を呈しています。

　2016年にはピーター・トリュープが105日をかけて、パソコンで22兆4591億5771万8361桁まで計算しました。

　この記録を破ったのが、本章の冒頭で紹介した、2019年3月14日のGoogleの結果だったのです。

　その桁数、じつに31兆4159億2653万5897桁！

　一目でおわかりでしょう、3.1415926535897 × 10^{13} 桁！です。121日を要した計算でした。

　これからも、この数字はどんどん更新されていくでしょう。実用的な面からは、これほど精密な値はまったく必要ありません。それでも人は、その"真値"を求めて探求を続ける——円周率 π には、なぜか人を惹きつける魅力があるようです。

　私たち人類の興味、知的関心は、必要かそうでないかを悠々と超えていくのです。

さくいん

N.D.C.414.12   238p   18cm

ブルーバックス　B-2147

円周率 π の世界
数学を進化させた「魅惑の数」のすべて

2021年6月20日　第1刷発行

著者	柳谷　晃
発行者	鈴木章一
発行所	株式会社講談社
	〒112-8001　東京都文京区音羽2-12-21
電話	出版　03-5395-3524
	販売　03-5395-4415
	業務　03-5395-3615
印刷所	(本文印刷) 株式会社新藤慶昌堂
	(カバー表紙印刷) 信毎書籍印刷株式会社
製本所	株式会社国宝社

ISBN978-4-06-520675-1

発刊のことば

科学をあなたのポケットに

二十世紀最大の特色は、それが科学時代であるということです。科学は日に日に進歩を続け、止まるところを知りません。ひと昔前の夢物語もどんどん現実化しており、今やわれわれの生活のすべてが、科学によってゆり動かされているといっても過言ではないでしょう。

そのような背景を考えれば、学者や学生はもちろん、産業人も、セールスマンも、ジャーナリストも、家庭の主婦も、みんなが科学を知らなければ、時代の流れに逆らうことになるでしょう。

ブルーバックス発刊の意義と必然性はそこにあります。このシリーズは、読む人に科学的に物を考える習慣と、科学的に物を見る目を養っていただくことを最大の目標にしています。そのためには、単に原理や法則の解説に終始するのではなくて、政治や経済など、社会科学や人文科学にも関連させて、広い視野から問題を追究していきます。科学はむずかしいという先入観を改める表現と構成、それも類書にないブルーバックスの特色であると信じます。

一九六三年九月

野間省一